玩玩羊毛氈 fun!

# 歡迎進入簡單、純粹的羊毛氈手作小世界

純粹的喜好，
單純的熱忱，
你是不是也像我一樣，
享受獨自完成某件事的成就感呢？

　　平常喜歡一個人坐在咖啡廳裡，有時無意識地看著窗外的人群，有時稍稍側看隔壁的小情侶，「觀察」似乎已成為我生活中的小習慣。我收藏這些片刻的畫面，不知不覺中，它慢慢地成為我創作靈感的來源。畫家用畫筆創作，而我則選擇了「羊毛氈」做為創作的主要素材。

　　羊毛氈教學是激發我創作的動力，尤其在擔任救國團和東海大學推廣部手作教師時，每一次的課程，都是一次腦力激盪。學員提出的問題，讓我開始檢視自己是否遺漏了教學上習以為常的小細節。所以，在這本書中，除了刊載了羊毛氈的基本技法和工具的說明之外，還特別分享了許多自己在羊毛氈創作上的小秘訣，另外，還收錄了許多在課堂上深受學員喜愛的作品，像旅行、生活雜貨和小裝飾等系列。為了方便第一次學羊毛氈的讀者學習，我將它們從簡單到稍難，分成3個等級，以★符號標示，分別是「★簡單、★★中等、★★★稍難」，好讓大家能選擇適合自己的作品來挑戰。

　　這本羊毛氈工具書記錄了我這些年來的教學心得和作品，我將它獻給一路陪伴我成長的學員、朋友及家人們，感謝你們與我一起創作、一起嘗試，一起在教學與創作的過程中，拼貼出無限寬廣的想像空間、攪動出許多意想不到的樂趣，我想我會一直這樣努力下去！

　　也許你不認識我，只是無意間拾起這本書，希望透過作品的呈現，能讓你感受到我投入在創作中的溫暖與熱忱，歡迎你走進這個簡單又純粹的羊毛氈手作小世界……

CARTE

# 目錄
## Contents

POSTALE

# Chapter 3.

加映好禮
實物大版型

◎ 讀者可參照★記號選擇製作！

★：簡單，是最適合初學者挑戰的作品

★★：中等，是多練習幾次就能成功的作品

★★★：稍難，是適合進階者嘗試的作品

# Chapter 1.
## 羊毛氈說一說

# 認識羊毛氈

**不同於歐洲、澳洲和日本等國，羊毛氈是這幾年在台灣流行的手工藝，它和羊毛、毛線有關係嗎？究竟是什麼呢？想知道嗎！？ 如果你沒看過、摸過羊毛氈，那就從以下幾個大多數人常見的疑問，先大略瞭解羊毛氈吧！**

Q：我只聽過羊毛，那羊毛氈和羊毛有關係嗎？

A：「羊毛」是一種極為環保的天然纖維，而「羊毛氈」正是古人流傳至今，利用自然素材製作織品的古老工藝。它作法簡單，而且不需繁瑣複雜的工具，就能完成作品。游牧民族逐水草而居，現今在蒙古等游牧地區還保留這項傳統工藝，他們就地取材，使用天然羊毛製作日常用品，例如：毛毯、衣物等，而最常被拿來舉例的就是拆建方便，並且擁有冬暖夏涼特性的 —「蒙古包」，是不是很難想像，這麼巨大的東西竟然是用羊毛氈製成的呢！

Q：如何將羊毛氈變成物品呢？

A：洗髮精廣告有一句經典名句：「修復秀髮的毛鱗片……。」其實羊毛的表面纖維就如同人的毛髮一樣，表面有著無數個鱗片組織，我們可以利用針氈（針戳）或濕氈（水洗）的方式，使毛鱗片相互咬合、糾結纏繞。從蓬鬆柔軟到逐漸扎實變硬、縮小的狀態，這個過程就叫作「氈化」，而毛衣經水洗烘乾後，產生了縮小的情況，就是氈化最常見的例子。因此，我們只要利用羊毛的氈化原理，結合不同的技法，無論是平面或立體，不需要縫製就能做出一體成形的羊毛氈作品喔！

**POINT**

羊毛不像毛線鉤錯可以拆掉，羊毛一旦氈化後，因為毛鱗片已互相糾結、纏繞，它就無法恢復原先蓬鬆柔軟的狀態囉！

Q：有人說羊毛氈和不織布很像，是一樣的東西嗎？

A：羊毛氈和不織布是不同的。一般市售的不織布大多是由化學纖維製成，沒有像羊
　　毛表面一樣的天然鱗片纖維，所以除了純羊毛製成的不織布以外，幾乎都無法產
　　生氈化現象。

Q：市售羊毛是以哪種外型販售？

A：一般會依纖維特性以及外觀來區分，市售看到的大多為條狀外型，也就是俗稱的
　　「羊毛條」，而特殊纖維則會有散狀、捲曲等不同的形狀提供選擇。

Q：羊毛氈可以做成什麼？

A：利用「針氈」與「濕氈」技法，像捏黏土般，從平面到立體，塑造出想要的成
　　品。市面上常見的小吊飾、玩偶、包包、鞋子及衣服等，都能用羊毛氈做出來，
　　甚至也可以結合異媒材，創作出更多有趣或實用的作品。

## 認識基本工具

羊毛氈依做法可分成「針氈」和「濕氈」兩種，所使用的工具不盡相同，讀者在選擇購買之前，先來看看這些工具的外型和用途。

### 針氈的工具

單針戳針

010

羊毛氈專用的戳針和一般縫紉針不同，外觀呈L狀，末端處是三角錐的結構，在每一面上又有許多倒過來的鉤刺，這些倒鉤能使毛鱗片經由不斷地戳刺而互相糾結、緊密。常見的戳針分為粗、細、極細，從功能上來看，粗針可讓作品快速氈化，細針可用來塑型，極細針用在修整表面。建議讀者依習慣和製作需求選擇使用。我最常使用的是粗、極細針。

多針工具

一般分為3針和4針兩種，可依需求隨時調整針數，製作大型物件時能加速氈化速度，是初期塑型的好幫手。

工作墊

為防止戳針在使用時直接和桌面接觸，必須使用工作墊作為緩衝，常見的工作墊可分為海棉墊、泡棉墊和毛刷墊，可依個人使用習慣作選擇。我最常使用的是泡棉墊。

無論選擇哪種工作墊，都必須定時做適度清理，以免因為混雜了沒有清除乾淨的羊毛，造成作品的顏色變得亂七八糟喔！

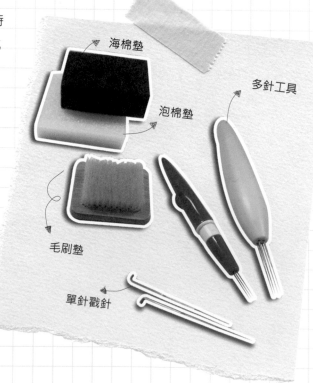

海棉墊

泡棉墊

多針工具

毛刷墊

單針戳針

## 濕氈的工具

### 版型

以濕氈製作的作品多為片狀，所以需使用到版型，以下這幾種東西很適合用來當作紙型：

塑膠片：硬度適中，可重複使用，但有大小限制。

氣泡布：較無大小限制，但材質軟，水洗時較易變形。

紙板：可以用來製作立體版型，但碰水後會軟爛，無法重複使用。

### 紗網

紗網能避免手和羊毛在剛開始水洗時沾黏，以免羊毛在末氈化時因觸摸而變形。

### 皂液

皂液能幫助毛鱗片舒張，適度的泡沫還可減少纖維因搓洗摩擦而產生的毛球。

### 塑膠手套

可以避免水洗時肌膚長時間和皂液接觸，手套平滑的表面還可以減少搓洗時毛球的產生！

### 毛巾

吸取水洗時多餘的水分及泡沫，並在毛巾氈縮時全面加壓，發揮快速氈化的功能。

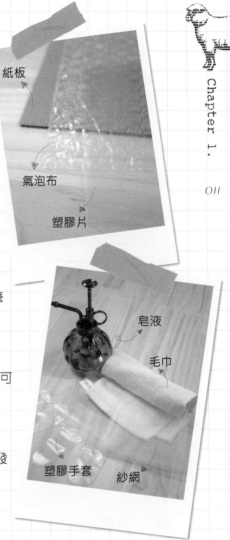

紙板

氣泡布

塑膠片

皂液

毛巾

塑膠手套

紗網

## 其他的輔助工具

| | | | |
|---|---|---|---|
| 電子秤 | 剪刀 | 錐子 | 奇異筆 |
| 熨斗 | 鑷子 | 尺 | 熱熔膠 |
| 縫紉工具 | | | |

# 針氈的基本技巧

「針氈」是利用羊毛戳針末端的倒鉤結構，讓羊毛纖維表面細小的毛鱗片，經由來回戳刺的過程，透過戳針鉤刺的牽引而相互咬合、糾結纏繞，使羊毛從鬆軟的狀態逐漸扎實、牢固並氈結成型。「針氈」較不受場地限制，只要一根戳針，就能做出各種立體造型，適合製作立體物件，以及動物、玩偶，或作為濕氈作品的圖案補強。

在製作作品時，該使用多少羊毛？要氈化到什麼程度才算完成？你是不是也有這樣的困擾呢？開始動手前一定要先了解一些事！

## 毛量選擇

每本書的工具材料部分，通常會寫上各個作品使用的羊毛量，但相同的羊毛量隨著每個人在製作過程中所施的力道、氈化程度等因素，做出來的成品大小也不盡相同。建議大家將數值當作參考，再依作品狀況來調整羊毛使用量。蓬鬆的羊毛受到氈化作用後會變硬縮小，這種特性使我們在羊毛取量的時候產生誤差，為了使羊毛取量更精準，在製作前，先取適量羊毛（切勿過多）捲緊至稍有硬度（如右圖），模擬氈化時的硬度大小，再作毛量上的調整，這樣可讓羊毛量更接近成品的大小喔！

↑ 將羊毛捲緊

成品體積過大或過小的時候怎麼辦？過大時，可用剪刀剪去多餘部分，再取少許同色羊毛鋪上表面修整毛邊；過小時，可針對作品體積不足的區塊，使用同色羊毛加強修補。

## 氈化了沒？

作品氈化程度的拿捏，可視其功能性來決定。舉例來說：手機吊飾因常會受到摩擦與擠壓，所以在製作時，建議將作品氈縮至不易變形的硬度；相反的，如果作品純粹只是用來擺設，氈化程度可視大小、細節等外觀狀況來調整。以圓球為例來看，都是取同量的羊毛，如果氈化程度高，圓球會比較小且硬，外觀上比較平整（參考圖中左球）；如果氈化程度低，圓球會比較大且軟，外觀上也會比較毛躁（參考圖中右球）。

↑（左）氈化程度高
（右）氈化程度低

## 混出喜歡的顏色

常常覺得挑不到自己喜歡的顏色嗎？沒關係，利用調色技巧，也可以讓羊毛變成自己想要的顏色！可先選擇兩種喜歡的顏色，然後取適量的羊毛，參照下面的步驟圖試試看！

01. 羊毛依比例同時抓起。

02. 固定一端從另一端抽絲。

03. 將抽出來的部分羊毛疊回。

04. 重複抽絲疊回的動作數次。

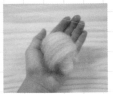

05. 均勻混合至想要的顏色，完成混色。

### POINT

羊毛的混色會因使用色彩的比例，而有深淺不同的差異喔！建議在混色前，記錄每次使用的顏色比例，以免下次想使用同樣色彩卻發生調不出來的窘境！以下舉例一些基本調色：

黑＋白＝灰、白＋紅＝粉紅
紅＋藍＝紫、藍＋黃＝綠、
黃＋紅＝橘。

## 🐝 和我一起學針氈

　　針氈塑型時，必須從正面、反面、側面等各個角度方向進行戳刺，才能使作品整體均勻氈化，避免產生不均勻氈化或變形的狀況。新手這裡要學的是以針氈做出最基本的平面（矩形、半圓）和立體（圓球、立方體、水滴、三角體和圓柱）羊毛氈。學會這些就可以隨意搭配，組合成新作品囉！

## 平面的基本做法

氈戳較薄的片狀物時，必須注意下針力道，不要過重或過深，以免羊毛和工作墊沾黏！以下是最基礎的矩形、半圓片做法。

## 矩形

需準備的材料和工具：羊毛、戳針、泡棉墊，一起試試看！

01. 將羊毛條平整攤開，左右兩側都往內對折。

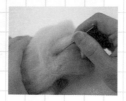

02. 用戳針以垂直方向輕戳表面，將開口處固定。

03. 使用多針工具開始在表面整體輕戳，讓平面均勻氈縮。

04. 適時將作品翻面，如果在同一面戳太久，羊毛會和工作墊沾黏。

05. 單針修整邊緣。

**POINT**

若發現有較鬆薄的地方，可在該部位添加少量原毛修補。

06. 以淺針將表面修至平整就大功告成！

## 半圓

需準備的材料和工具：羊毛、戳針、泡棉墊。

01. 將羊毛鋪平，沿虛線對折。

02. 用戳針以垂直方向輕戳表面，將開口處固定。

03. 正反面均勻氈戳。

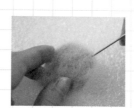

04. 從側邊慢慢修整出半圓的弧形。

05. 淺針修整下方平面。若後續物件要接合，可省略這個步驟，以保留尾端未氈化的羊毛(參照小圓圖)。

06. 重複步驟03.~05.，將表面修至平整就大功告成囉！

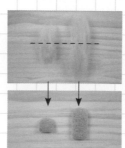

**POINT**

羊毛長度會影響半圓成品的大小！參照左圖的比較，羊毛愈長，半圓成品就愈長。最常用來製作動物的耳朵。

## 立體的基本做法

為了讓作品內部確實氈化，剛開始塑型時，下針深度必須超過作品的一半，否則作品只會表面氈化，但內部卻還是鬆鬆軟軟的，必須等作品內部氈縮變硬後，才可利用淺針修飾表面不平整的地方。以下是最基礎的圓球、立方體、水滴、三角體和圓柱的做法。

### 圓球

需準備的材料和工具：羊毛、戳針，參照下面的步驟圖試試看！

  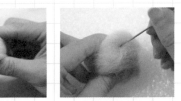

01. 取適量羊毛，整理成條狀，從一端捏緊向內捲（★也可以先打結再捲起，預先增加內部的扎實度）。

02. 將兩側羊毛向內壓，繼續往內捲緊，保持在扎實的狀態。

03. 用戳針在捲好的圓球開口處稍作固定，避免捲好的毛球鬆開。

04. 整體戳刺，戳針整體深插入羊毛內，過程中需要不停滾動圓球，讓每個地方都均勻地戳到。

05. 當內部氈縮變硬，開始以淺針修飾表面不平整的地方。

06. 將圓球以淺針修整至渾圓，達到一定硬度後就大功告成囉！

### 立方體

需準備的材料和工具：羊毛、戳針，細節部分可參照圓球的做法，一起試試看！

01. 參照圓球的做法，將羊毛捲成球狀。

02. 在開口處稍作固定，避免捲好的毛條鬆開。

03. 在羊毛呈鬆軟狀態的時候，用手將毛球捏塑成方塊狀。

04. 以戳針整體深插入羊毛內，慢慢塑出方形的六個面。

05. 均勻戳刺每個平面。　★ 可以利用紙盒的邊　06. 以淺針將方形角度修
　　　　　　　　　　　　框，加強方塊直角　　　整出來，整體氈縮後
　　　　　　　　　　　　的塑型。　　　　　　　就大功告成囉！

## 水滴

需準備的材料和工具：羊毛、戳針，參照下面的步驟圖試試看！

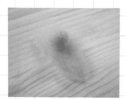   

01. 將羊毛鋪平整理成條　02. 兩端羊毛對折後，　03. 將側邊多餘的羊毛　04. 轉動水滴狀，戳針深
　　狀，在中間填入還沒　　　固定開口處。　　　　往反方向交疊包覆　　　插入羊毛內，讓每個
　　氈化的羊毛球。　　　　　　　　　　　　　　固定。　　　　　　　　地方都均勻地戳到。

 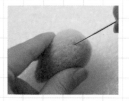 

05. 修整尖部的圓弧型。　06. 將水滴的弧形以淺　07. 水滴狀氈縮變硬後
　　若後續物件要接合，　　　針修整至渾圓。　　　就大功告成囉！
　　可保留尾端未氈化的
　　部分(參照小圓圖)。

**POINT**

如果發現有形體不
足的部位，可在該
部位添加少量原毛
修補。

## 三角體

需準備的材料和工具：羊毛、戳針，細節部分可參照水滴的做法，試試看吧！

01. 在羊毛內部填入還沒　02. 包覆修整兩側羊毛。　03. 收整開口處。　　04. 當羊毛呈鬆軟狀態
　　氈化的毛球，將兩端　　　　　　　　　　　　　　　　　　　　　　　　的時候，用手將毛
　　羊毛對折固定。　　　　　　　　　　　　　　　　　　　　　　　　　　球捏塑成三角體。

05. 以戳針整體深插入羊毛內，慢慢塑出三角體的每一面。

06. 以淺針均勻地戳刺每個平面。

07. 將三角體的角度修整出來，整體氈縮後就大功告成囉！

POINT

如果將邊緣修整成圓弧狀，三角體就變成三角錐了。

## 圓柱

需準備的材料和工具：羊毛、戳針、鑷子，參照下面的步驟圖試試看！

01. 將羊毛整理成條狀，從一端向內平捲。
★ 也可使用鑷子，從一端夾住捲緊後取出。

02. 在開口處稍作固定，避免捲好的毛條鬆開。

03. 滾動圓柱，以戳針整體深插入羊毛內開始戳刺，讓每個地方都均勻戳到。

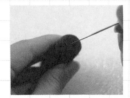

04. 修整圓柱兩端。
★ 如果後續物件要接合，可保留一端還未氈化的部分。

05. 內部確實氈縮變硬後，以淺針修飾表面不平整處。

06. 將柱體修整流暢且氈化後，就大功告成囉！

## 接合的基本做法

如果將完成的單一物件和物件拼湊組合，能使立體作品產生不同的變化，增加它的豐富性，像玩偶的身體就是這樣組合成的。以下是同色接合和不同色接合的步驟圖。

## 同色接合

這裡以小熊的耳朵和頭部的接合做示範，所以需準備的材料和工具有1個圓球和2片半圓片、戳針。

01. 準備2片半圓片。

02. 一顆同色的圓球。

03. 將半圓片還沒氈化的那一端撐開。

04. 稍微下壓施力,固定圓球和半圓片接合的位置。

05. 以深針戳刺半圓片側邊的羊毛,使慢慢和圓球接合。

06. 針對接合處以深針加強固定。

07. 以淺針將表面修飾平整。

08. 可在耳朵部分填色,小熊的雛形就完成了。

## 不同色接合

這裡以小樹的接合做示範,需準備的材料和工具有1個水滴和1根圓柱、戳針。

01. 準備1個水滴狀和1根小圓柱羊毛氈。

02. 將小圓柱還沒氈化的那一端撐開。

03. 下壓施力,固定水滴和圓柱接合的位置。

04. 將水滴側邊的羊毛往圓柱交界處內戳刺。

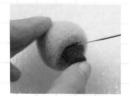

05. 必須將側邊羊毛完全隱藏戳入交界處。

06. 以淺針將接合處修飾平整。

07. 小樹的接合部分就大功告成囉!

08. 在水滴部分填色,小樹就完成了!

# 濕氈的基本技巧

　　水份會讓羊毛表面的鱗片自然舒張，再加上外部加壓、搓揉的方式，能使毛鱗片產生咬合、糾結的動作，羊毛纖維因而相互氈合，產生一體成形的作品，這種氈化方式就稱為「濕氈」。濕氈技法雖然容易被場地限制，但卻能簡單做出大型又扎實的平面物件，適合應用在製作面積較大，以及像袋包、帽子、圍巾等寬幅平整的作品。初學者在製作濕氈作品前，必須先了解以下幾個重點。

## 版型材質選擇

塑膠片、氣泡布、紙板？該如何選擇濕氈版型的材質呢？我們可以依水洗類型來選擇適當的材質。球狀、條狀不需版型；片狀的話，可選擇平整、防水的塑膠片，繪出預定鋪放羊毛的範圍，提高羊毛平鋪時的平整度；袋狀的話，所有材質都適用，但有些時候會依作品的大小、形狀做選擇，像塑膠片（資料夾）有一定的大小限制，若是大包包、帽子等大型物件，可以選擇面積比較大的氣泡布。而需要立體版型時，可用紙板的硬挺度來製作立體模版（可參考p.088 房子刺繡口金包的做法）。

　　袋狀水洗常會產生邊緣氈化不均的問題，尤其當版型材質為氣泡布時，還可能因版型較軟，在搓洗時走位而變形。建議初學者剛開始可以選擇塑膠片做為版型，從小物件開始水洗，因為塑膠片有一定硬度，水洗時可清楚掌握版型的邊緣位置，避免作品變形喔！

## 畫版型

版型有什麼功用呢？該如何製作袋狀呢？這時版型扮演著很重要的角色，因為它預留了作品盛裝物品時的空間！羊毛纖維有氈化縮小的特性，版型繪製的範圍也要依此調整，而版型大小的計算，稱作「氈縮比」，羊毛的氈縮比通常介於1.6～1.8倍之間，以相同份量的羊毛為例，我們可以參照下表的說明來了解！

| 倍　　數 | 狀　　態 | 用　　途 |
| --- | --- | --- |
| 高（1.8）<br>↓↑<br>低（1.6） | 倍數高氈化程度越高，呈現扎實狀 | 包包、鞋子、帽子 |
| | 倍數低氈化程度越低，呈現柔軟狀 | 圍巾、披肩 |

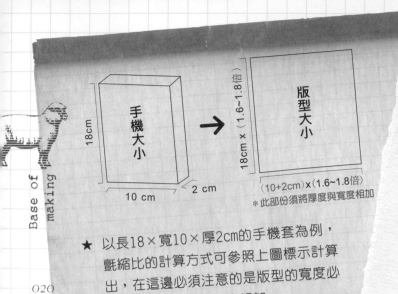

手機大小
18cm
10 cm
2 cm

版型大小
18cm x (1.6~1.8倍)
(10+2cm) x (1.6~1.8倍)
＊此部份須將厚度與寬度相加

★ 以長18×寬10×厚2㎝的手機套為例，氈縮比的計算方式可參照上圖標示計算出，在這邊必須注意的是版型的寬度必須將實物的寬度與厚度相加。

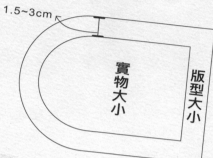

★ 如果遇到不規則形狀時怎麼辦呢？這時可以視物體大小及用途，參照下圖，將實體邊框放大約1.5~3cm的範圍來製作即可。

1.5~3cm
實物大小
版型大小

　　雖然能用縮率的計算方式來繪製版型，但實際氈縮狀況會受羊毛種類、水溫、縮劑（皂液）等因素影響，如果想精確掌控縮率，建議可利用試片，進行氈縮前後面積大小及硬度的比對。當水洗大型物件無法測量所需羊毛時，試片也可以當作計算的工具唷！

## 鋪羊毛

口訣是「少量多次、薄且均勻、縱橫交錯」！將要使用的羊毛，順著羊毛條的方向拿取，依少量多次、薄而透的方式讓纖維整齊地平鋪在版型上，鋪完一層橫向後再鋪直向，重疊的羊毛必須縱橫交錯鋪陳，才可避免平面產生不均勻的現象（★如果太薄會使平面產生破洞；太厚會使平面產生不平整的肌理喔！），並且能讓羊毛纖維間的交織更加緊密，氈化出的平面會更加結實平整。正確的分取羊毛步驟可參照右圖。

O1. 雙手分別握在分割點左右約一個拳頭的地方。

O2. 輕輕朝兩側反方向拉開，羊毛條就會被輕易分開了！如果越用力會越分不開喔！

## 拿取羊毛

正確拿取羊毛的方法，是利用掌心的面積，手指合併，將羊毛從一端抽絲拿起，讓羊毛呈現薄而均勻的樣子。而錯誤的方法是只用指頭拿取，羊毛僅會呈現條狀，在鋪陳羊毛時較易產生不平整的現象。

01. 利用掌心的面積，手指輕輕合併。

02. 羊毛從一端抽絲拿起，不要取太多。

03. 只用指頭拿取羊毛會變成條狀，是錯誤的取法。

## 搓洗羊毛

口訣是「下壓摩擦、揉捻搓洗」！搓洗是羊毛氈化過程中，很重要的一個步驟！在平鋪好的羊毛上，隔著紗網，加上皂液後，經由下壓摩擦的方式，讓上下層的羊毛相互穿透糾結而氈化。利用雙色的水洗（上層鋪綠色，下層鋪咖啡色）來做個小小實驗。

**POINT**

經過下壓摩擦、揉捻搓洗至氈化後，看看表層的綠色是不是出現了咖啡色纖維呢？下層的顏色經過搓洗後，穿透到上層表面了，表示羊毛在水洗過程中，上下層的羊毛會相互穿透糾結而氈化。

## 毛巾包覆氈縮法

口訣是「正、反、上、下、左、右，一起來！」搓洗時加入的水份和皂液，使羊毛的毛鱗片保持在舒張狀態，所以即使羊毛因下壓摩擦而糾結，但氈縮程度仍有限，建議作品在搓洗至表面呈現不織布表面般的網花後，使用毛巾將作品從各個方向分別捲起，重複滾動。過程中，毛巾會適度吸乾水分、帶動毛鱗片的收縮，加上毛巾大面積包覆滾動時的加壓，能使原先糾結的纖維咬合得更緊實，加速作品氈縮。另外，毛巾氈縮法不僅適用於大範圍面積，也可針對變形區塊做局部修整！可參照下圖的示範。

01. 氈縮前。

02. 將不平整處用毛巾包覆捲起。

03. 滾動加壓不平整的地方。

04. 修整後的樣子。

# 和我一起學濕氈

濕氈在開始搓洗時，羊毛呈現鬆軟不固定的狀態，搓洗力道應放輕，以免平面變形扭曲，等表面開始氈化後才可加重力道，甚至最後可以用揉捻搓洗（洗衣服般）的方式，讓作品整體均勻氈化。初學者可參照下圖，嘗試以濕氈做出最基本的圓球、平面加圖案和袋狀的羊毛氈，學會這些就可以隨意搭配、組合成新作品囉！

## 實用的基本做法

水洗羊毛氈是很容易學會的技法，像以下介紹的圓球、平面加圖案以及袋狀的做法，相互搭配使用，完成作品輕而易舉。

### 圓球的基本做法
需準備的材料和工具：羊毛、皂液，參照下面的步驟圖試試看！

O1. 取適量羊毛，整理成條狀後從一端捲起。

O2. 把羊毛條捲緊成圓球狀。

O3. 將毛球握在掌心，加上皂液，讓毛球均勻地沾濕。

O4. 開始輕輕用畫圓方式搓揉毛球，注意力道不可太重，否則毛球會變形喔！

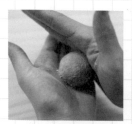 

O5. 圓球開始變硬，就可以加重搓揉力道，將空氣擠壓出來，漸漸減少毛球水份，讓毛球能扎實氈化。

O6. 搓洗至毛球氈化變硬，用清水洗淨就大功告成囉！

## 平面加圖案的基本做法

需準備的材料和工具：羊毛、皂液、塑膠片、筆和尺，參照下面的步驟圖試試看！

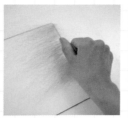

*01.* 在版型上畫好大於成品尺寸1.6～1.8倍的方框。

*02.* 順向拿取羊毛，少量多次、薄而透，在框內鋪好羊毛。

*03.* 將橫向面均勻地鋪滿羊毛。

*04.* 開始鋪縱向面。

*05.* 重複橫向和縱向的交錯鋪陳，鋪完羊毛。

*06.* 輕輕蓋上大於方框的紗網。

*07.* 加上皂液。

*08.* 輕輕按壓，將羊毛內的空氣擠出，均勻沾濕。

*09.* 整體沾濕後，從邊角將紗網掀開。

*10.* 比對方框，將邊緣不平整的羊毛往內折。

*11.* 針對內折區塊加上皂液，輕輕拍打、撫平凸起處。

*12.* 搓洗前可在表面加上圖案，用手輕輕按壓，圖案暫時固定在羊毛上。

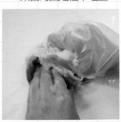

*13.* 用紗網整體包覆羊毛片，輕輕地搓洗圖案部份。

*14.* 慢慢均勻地搓洗正反兩面。

*15.* 若表面產生毛球，可在搓洗過程中不定時將紗網輕輕掀開，取下毛球後繼續搓洗。

*16.* 可如同搓洗衣服般搓揉羊毛片，加強整體氈化。

17. 等作品變得較硬之後，用毛巾從最下端開始捲起。

18. 開始滾壓毛巾，分別從正反面的各個方向捲裹，如果羊毛片太乾，可稍微補充一些皂液。

19. 將作品氈縮到指定大小就大功告成囉！

如果作品在毛巾氈縮後，表面產生不平整的皺摺，可在清洗後用熨斗整燙喔！

## 袋狀的基本做法

需準備的材料和工具：羊毛、皂液、版型、剪刀，細節可參考平面的做法，參照下面的步驟圖試試看！

01. 剪下大於成品尺寸約1.6～1.8倍的版型（★可將邊緣直角稍微修剪成弧形，以避免水洗時，版型尖角將袋型刺破）。

02. 將羊毛均勻地分成兩等份。

03. 取一份羊毛，在版型上縱橫鋪陳，邊緣不要超出版型太多，約1cm。

04. 蓋上紗網，加上皂液後輕輕按壓，將空氣擠出。

05. 羊毛均勻沾濕，將紗網掀開，連同版型一起翻面。

06. 翻面後還可微調版型位置。

07. 將四周超出版型部份往內折。

08. 針對直角處加上皂液，輕輕拍打，撫平羊毛重疊較厚的部份。

*09.* 取另一份羊毛然後繼續在版型上縱橫鋪陳。

*10.* 重複蓋上紗網，加上皂液輕輕按壓。

*11.* 輕壓平整掀開紗網後翻面。

*12.* 將四周超出版型部份內折，整理內折及直角的地方。

*13.* 用紗網將袋狀整體包覆，輕輕搓洗正反面（★若表面產生毛球，可在搓洗過程中將紗網輕輕掀開，取下紗網上的毛球後再繼續搓洗）。

*14.* 針對側邊羊毛加強搓洗，可避免側邊變形。

*15.* 確認表面開始氈化，可加重搓洗力道，搓揉羊毛片，加強整體氈化。

*16.* 當表面已經氈化成片狀後（★像不織布的表面），用剪刀剪開一邊，取出版型。

*17.* 確保內袋部份也能充分氈化，可將袋型外翻稍微搓洗。

*18.* 將袋型翻回後，用毛巾氈縮法將作品氈縮至指定大小。

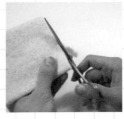

*19.* 修剪開口不平整的地方。

*20.* 為了避免修剪的地方毛躁，可用皂液輕搓修剪處，修潤邊緣。

*21.* 最後用清洗整燙後就大功告成囉！

## 舉手問一問

初次接觸羊毛氈的人，對有顏色的羊毛條、戳針等工具，以及製作技法、清潔方式一定有不少疑問。以下這些是我在羊毛氈教學過程中最常被問到的問題，初學者可以參考一下！

### 常會遇到的問題

Q：如何感覺羊毛已經氈化了？

A：這可以從3個方面來看：
1) 外觀：當形狀縮小，表面由毛躁變成平整。
2) 針氈的下針流暢度：羊毛在氈化過程中，密度會越來越緊實，當戳針操作時發現下針開始有阻力時，代表作品內部已經開始氈化。
3) 濕氈的網花呈現：表面原本一清二楚的縱橫紋理，漸漸呈現像不織布表面的網花表面，形成片狀。

Q：針氈做出的平面和濕氈做出的平面有何不同？

A：針氈的平面是由無數個戳刺的點所構成，雖然平面氈化，但表面仍會保有未被戳刺到的羊毛纖維；而濕氈的平面是經由整體面積的水洗形成，能均勻地使平面氈化。相較之下，針氈的平面會較毛躁，而水洗的平面沒有針氈的小孔，較易完成平整的平面。

Q：作品表面起毛球或髒了怎麼辦？

A：除了使用剪刀剪除表面多餘的毛球以外，還可以用冷水和中性洗劑，針對髒汙部份局部清洗，但不要過度搓揉或熱烘，避免作品變形。建議讀者將每件作品留存少許原毛，日後修整時可使用。

Q：為何有的品牌的羊毛條顏色較多，有的較少？

A：台灣市售羊毛大多來自紐西蘭及日本進口，紐西蘭羊毛偏鮮艷飽和，但顏色選擇上較少，相對的日本羊毛在色彩上細分了許多系列，例如：糖果色系、自然色系等，供消費者選擇，可惜價格卻也相對偏高。

Q：羊毛氈作品毛茸茸的，使用上有季節性嗎？

A：羊毛氈作品以羊毛製成，容易帶給大眾溫暖的印象，認為成品只能在冬天使用，但其實利用羊毛氈做出的作品種類相當繁多，像是小物件吊飾或玩偶擺飾等等，使用上均不受任何季節的侷限，但如果是包包、穿戴在身上的物件，在季節的使用上就看個人的接受度了！

## 濕氈常見的問題

Q：水洗時，羊毛為什麼會和紗網相黏、起毛球？

A：剛開始水洗時，毛層之間還沒有互相氈合，處於浮動狀態，所以上層羊毛會因搓洗摩擦而產生毛球，而過多的毛球會使羊毛跟紗網沾黏，這時只要放輕搓洗力道，加入適量皂液做潤滑媒介，定時將紗網輕輕掀起，取下紗網上的毛球後再繼續搓洗，就能避免繼續沾黏；等毛球現象減少，就可開始加重力道搓洗。

Q：當水洗羊毛開始氈化後，發現量不夠時，還可再加羊毛嗎？

A：不行！羊毛進行水洗氈縮過程後，就無法再添加羊毛了（但後續可以利用針氈做局部補強），因此，製作濕氈前就必須確定所需的羊毛量，但針氈製作過程中是可以隨時增添羊毛份量的，這是兩種技法最大的差別。

## 針氈常見的問題

Q：作品表面針孔的痕跡好明顯，如何消除作品表面的洞呢？

A：製作針氈作品時，表面通常會出現許多戳針戳刺的小洞，可用細針做淺針修飾或使用軟刷（像牙刷）在作品的表面輕刷，將表面纖維稍微毛化後，小洞自然就不明顯了。其實作品小洞也會因為長期使用與表面摩擦，而慢慢不見喔！

Q：雖然作品已經氈化，但表面依然很毛躁？

A：先觀察自己下針的力道是否過度用力了呢？羊毛纖維會經由戳刺的動作，將表面羊毛帶到裡層，但如果下針過度用力，深度穿透到作品的另一面，即使羊毛本身已達氈化，也會因過度穿刺，而將內部已氈化的羊毛帶到原本已氈化的表面，造成作品表面依然毛躁。建議在最後完成階段，留意戳刺力道和深度，下針不可穿透作品本身，使用細針淺戳修飾表面即可。

Q：為什麼作品外觀氈化了，但捏起來卻是軟軟的呢？

A：初學者在剛開始的作品氈戳過程中，常會發生「只戳了作品表面，並沒有確實下針至作品內部」的錯誤動作，造成作品外觀氈化，但裡面捏起來卻是軟軟的。建議剛開始塑型時，下針深度必須超過作品的一半，等內部開始氈縮變硬，才可以開始以淺針修飾表面不平整的地方。

Q：如何判斷該使用單針工具或多針工具操作？

A：一般可從作品和面積大小來判斷。單針是最常被用到的，機動性高，可完成基本的塑型、接合，甚或是作品的小細節；而多針工具依工具的不同，又分為3～4針的多針工具，通常使用在大面積或是大物件的作品上，又因多針工具所形成的面積壓力，還可被拿來修飾作品表面喔！

Q：如果戳針鈍了怎麼辦？

A：其實戳針是消耗品，像一般刀具一樣，用久了會鈍，刀具可利用磨石恢復原本銳利的狀態，但戳針因有微小的倒鉤，無法利用銼磨的方式恢復原狀，若發現作品在氈戳過程中，無顯著的氈縮變化，就表示該更替新的戳針了。

Q：如何預防戳到手？

A：在製作作品的過程中，偶爾被針戳是稀鬆平常的，但為了減少「一針驚醒夢中人」的狀況，除了可戴上防戳的指套外，保持正確的工作姿勢也很重要。初學者若能做到眼到手到，同時放慢扎針速度，不求急速完成作品，就能避免一針見血的慘「痛」經驗。另外，戳針也應避免和他人共用，以保持衛生。

let's play

# Chapter 2.

## 我的羊毛氈DIY

happy
tea time

01 溫暖的家・餐桌墊

Kiki .........
it's afternoon tea

附有版型

版型參照 p.111

工具：

塑膠手套、紗網、
皂液、毛巾、
熨斗、筆、剪刀

材料：

紅色羊毛18g、
奶茶色羊毛18g

雙色水洗 →

O1. 參照p.023，將橘紅色羊毛均勻鋪成43×35cm的長方形大面積區塊。

O2. 隔著紗網加上皂液均勻壓濕。

O3. 從上方鋪上一層奶茶色羊毛後，再次隔著紗網用皂液將兩層羊毛均勻壓濕。

水洗面積較大時，剛開始水洗力道應放輕，等表面開始氈化後再加重搓洗力道，可以避免作品在氈化過程中表面產生過多的毛球。產生過多的毛球會使作品跟紗網沾黏！在搓洗過程中可適時將紗網輕輕掀開，取下紗網上的毛球後再繼續搓洗。

O4. 隔著紗網加上一點點皂液，搓洗正反面。

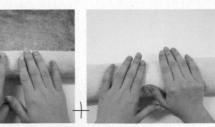

O5. 等表面氈化且兩層顏色氈合後，參照p.021，利用毛巾包覆氈縮法氈縮至指定大小。

O6. 將餐桌墊清洗乾淨後，在微濕的狀態下用熨斗整燙平整。

O7. 描繪出房子輪廓後，剪出房子和小樹的剪影（★若修剪處過於毛躁，可針對修剪處用皂劑稍微輕搓）。

O8. 餐桌墊完成了！

02 一家三口杯墊

milk, coffee, tea

工具：

塑膠手套、紗網、皂液、毛巾、
熨斗、縫紉針

材料：

粉膚色羊毛5g、白色羊毛少許、
皂液適量、皮片1塊、線適量

水洗圖案 →

01. 參照p.023，將粉膚色
羊毛均勻鋪成14×14cm
的正方形。

02. 隔著紗網加上皂液均勻
壓濕。

水洗圖案時，剛開
始力道要放輕，等
表面開始氈化後再
加重搓洗力道，下
壓搓洗，可以避免
圖案在氈化過程中
脫落或變形喔！

03. 壓濕後掀開紗網，將四
個邊角往內折，並輕輕
拍打。

04. 取少量白色羊毛，利用
皂液本身的黏力，鋪成
數個小圓。

05. 隔著紗網加上一點點皂
液，搓洗正反面。

縫上皮片 →

06. 等表面氈化，參照p.0
21，利用毛巾包覆氈縮
法氈縮至指定大小（★
可以保留方形側邊因氈
縮產生的不規則線條，
增加作品特色）。

07. 將杯墊清洗乾淨後，在
微濕的狀態下用熨斗整
燙平整。

08. 待杯墊乾燥，縫上打好
「milk」字樣的皮片。

09. 杯墊完成了（★成品尺
寸約11×11cm）！

工具：

塑膠手套、紗網、皂液、毛巾、熨斗、縫紉針

材料：

咖啡色羊毛5g、麻繩、皂液、皮片1塊、線適量

水洗杯墊 →

麻繩剪成小段
後，稍微將纖維
捻開，可以減少
麻繩厚度，以利
羊毛包覆氈化。

01. 將小段麻繩鋪在已沾濕
的方形羊毛氈片上，
以皂液黏力稍微固定
麻繩的位置（參照p.033
的做法01.～03.製作底
部）。

02. 取少許咖啡色羊毛鋪在
表面，份量以不完全遮
住麻繩為原則，利用上
下層羊毛的包覆，加強
固定麻繩的位置。

03. 隔著紗網加上皂液，搓
洗正反面（★剛開始水
洗力道應放輕，等表面
開始氈化後再加重搓洗
力道，下壓搓洗，可以
避免麻繩在水洗過程中
脫落或變形）。

縫上皮片 →

04. 待上下層羊毛將麻繩固
定後，參照p.021，利
用毛巾包覆氈縮法氈縮
至指定大小。

05. 將杯墊清洗乾淨後，在
微濕的狀態下用熨斗整
燙平整。待杯墊乾燥，
縫上打好「coffee」字
樣的皮片。

06. 杯墊完成了（成品尺寸
約11×11cm）！

My Zakka

工具：

塑膠手套、紗網、皂液、毛巾、熨斗、縫紉針

材料：

白色羊毛約4g、毛線約120cm、麻繩、皂液、皮片1塊、線適量

水洗杯墊 →

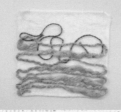

01. 表面先鋪上麻繩（參照p.033的做法01.～03.製作底部）。

02. 再鋪上毛線，以皂液黏力稍微固定麻繩和毛線的位置。

03. 取少許白色羊毛鋪在表面，份量以不遮住毛線顏色為原則，利用上下層羊毛的包覆，加強固定毛線和麻繩的位置。

04. 隔著紗網加上一點點皂液，搓洗正反面。

縫上皮片 →

05. 待表面氈化且毛線氈合後，參照p.021，利用毛巾包覆氈縮法氈縮至指定大小。

06. 將杯墊清洗整燙平整，杯墊乾燥後，縫上打好「tea」字樣的皮片。

07. 杯墊完成了（成品尺寸約11×11cm）！

波浪
手巾掛套

附有版型

版型參照 p.112

for
mommy

工具：
塑膠手套、紗網、
皂液、剪刀、
戳針、毛巾

材料：
紅色羊毛20g、
紅色緞帶40cm、
直徑13cm握把環

01. 取12g羊毛，參照p.024
袋狀的基本做法，正反
面水洗半圓紅色袋形。

02. 等表面氈化後，剪開半
圓底部取出版型。

03. 參照p.021，利用毛巾
包覆氈縮法，讓半圓氈
縮至指定大小。

04. 將水洗好的半圓羊毛氈
套入握把環。

05. 針對弧形的側邊稍微搓
洗，塑出袋狀的厚度，
這時的搓洗不會影響到
主體大小喔！

06. 將錐狀袋形清洗乾淨
後，依照版型剪出下方
波浪弧形。

07. 半圓紅色袋形完成了！

針氈半圓片 →

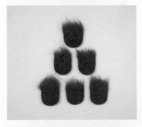

08. 參照p.014，用剩餘的羊
毛做好六個半徑約4cm
末端未氈化的半圓片。

09. 將剛才完成的六個半圓
片依序和半圓袋型氈
合，只做單面。

## POINT

記得半圓袋形內要放
入工作墊，以免戳針
損壞並避免上下兩層
氈合喔！

10. 加上半圓片後的樣子。

11. 剪好一條約15cm長的緞
帶，穿入毛巾握把環後
黏成環狀。

12. 在做法10.上方剪一個
約1.5cm的小開口，穿
入緞帶。

13. 用剩餘緞帶綁一個蝴蝶
結，黏在環狀緞帶上。

14. 波浪手巾掛套完成了。

Cup 04 小房子・保溫套

**附有版型**

版型參照 p.113

工具：
塑膠手套、紗網、皂液、
剪刀、戳針、毛巾

材料：
白色羊毛20g、奶茶色羊毛20g、
咖啡色羊毛10g

水洗袋形→

01. 參照p.024袋狀的基本做法，正反面水洗白色錐狀袋形。

02. 針對側邊加強搓洗，可避免側邊變形或長出多餘的區塊。

 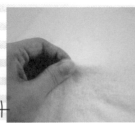  

03. 如果製作的物件面積較大，等表面氈化後，用搓洗衣服的方式搓揉，加強整體氈化（★可透過表面呈現像不織布的網狀紋理，以及表面呈現一整片的狀態來判斷達到氈化與否）。

04. 等整體氈化後，剪開錐狀底部取出版型。

05. 將內部稍微搓洗一下，再利用p.021毛巾包覆氈縮至指定大小，可用剪刀將底部修剪平整。

針氈半圓片 →

06. 清洗乾淨之後，再用熨斗整燙平整，錐狀袋形完成了。

07. 參照p.014完成20個半徑約4cm的半圓片，保留一端不氈化。

08. 將20個半圓片依序和錐狀袋子正反面氈合（★袋內要放入工作墊，避免上下兩層不小心氈合）。

09. 可以在接縫處用同色羊毛填補，使整體顏色更平均。

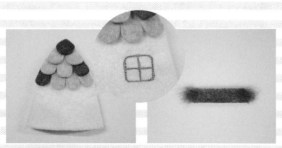  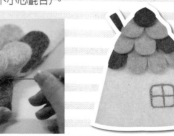

10. 加上半圓片，小房子的形狀完成了，然後參照p.093繡上方形的窗戶。

11. 參照p.014完成一片約8×2cm，保留左右兩端不氈化的矩形。

12. 將長方形片狀對折，與小房子接合（★不同顏色的接合，可參照p.018）。

13. 實用的小房子Cup保溫套完成了！

Chapter 2.

039

05 小雞咕咕時鐘

工具：

戳針、剪刀

材料：

白色羊毛7g、紅色、鵝黃色、粉橘色羊毛各少許、0.3cm插入式眼睛1對、透明片、時鐘機芯1組

時針

分針

秒針

製作時針 →

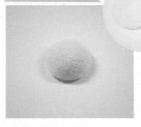

01. 將白色羊毛分成七等份，取兩份做出一個直徑約3cm的半圓。

02. 取剩下的五份做出一個直徑約9cm的扁平花瓶狀，留前端未氈化的部份，與做法01.接合。

製作波浪狀羽毛 →

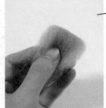

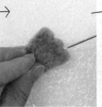

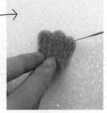

03. 分別使用紅色、鵝黃色、粉橘色，做出三個波浪狀的羽毛。

03-1. 將羊毛對折。

03-2. 均勻氈戳正反面，將側邊稍微塑成梯形。

03-3. 尾端均分成三等分，向內側戳刺。

03-4. 將凸出部分修整成圓弧，完成波浪狀。

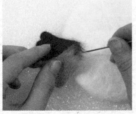

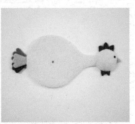

製作分針 →

04. 參照p.014半圓作法，做出三角形，用三角形分別組合出小雞的嘴巴和雞冠。

05. 將羽毛、嘴巴和雞冠分別從背面和身體接合，記得不要下針過深，以免顏色穿透到背面。

06. 加上眼睛，在身體圓形中央鑽一個小洞，做為組合指針用。

07. 取紅色羊毛做出一個小愛心。

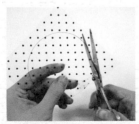

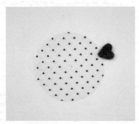

08. 用透明片剪出一個直徑8cm的圓，在中央處鑽一個小洞。

09. 將愛心和透明圓片相互黏合。

10. 按順序將機芯、時針、分針和秒針組合起來。

11. 小雞咕咕時鐘完成了！

06 蒲公英髮飾

工具：

剪刀

材料：

白色和褐色羊毛條適量、
咖啡色羊毛少許、
咖啡色金蔥線適量、
半圓髮飾蓋頭、
長20cm彈性繩1條

製作蒲公英 →

01. 將用不到的羊毛碎片剪成條狀，剪好12～15個約0.5X6cm的條狀。

02 剪好約6cm長的咖啡色金蔥線段，共八條。

03. 將做法01.和02.的條狀、線段穿插交錯擺放，整理成一撮。

04. 將咖啡色金蔥線從中點綑綁固定（★須稍微施力綁緊，以免脫落）。

製作圓球 →

05. 仔細綁好。

06. 從毛條左右兩端擠壓整理成圓球狀，將毛球修剪成一個圓。

07. 蒲公英圓球完成了。

08. 將彈性線對折後，穿入半圓髮飾蓋頭。

09. 在前端打結固定，並修剪前端多餘的線段。

10. 將半圓髮飾蓋頭黏上剛才完成的蒲公英圓球。

11. 取少許咖啡色羊毛。

12. 將咖啡色羊毛在彈性繩一端繞成一圈。

13. 將咖啡色羊毛先固定。

14. 從側面與正面修整咖啡色羊毛，塑型成一個圓球狀。

注意下針位置，下針不要太用力，刺到彈性繩的話，針會卡住或毀損喔！

15. 蒲公英髮飾完成了！

Chapter 2.

043

Pure 07
繡球花胸針

keep the secret
it's between you and me......

水洗花瓣 →

工具：
塑膠手套、紗網
、皂液、剪刀、
戳針、毛巾

材料：
白色羊毛6g、
草綠色羊毛少許、
圓形胸針台1個

01. 參照p.023，將白色羊毛均勻鋪成邊長約10cm的正三角形。

02. 隔著紗網加入皂液均勻壓濕，稍微收邊（★適度的收邊，可以減少邊緣羊毛的耗損）。

03. 在三角形中間鋪上一點點草綠色，稍微做出漸層效果。

04. 隔著紗網加入皂液均勻壓濕後開始搓洗。

05. 表面氈化且兩層顏色氈合後，參照p.021用毛巾包覆氈縮至指定大小。

06. 做好羊毛片後，依版型剪出花瓣狀。

**POINT**

為避免被剪開的邊緣處毛躁，可於邊緣處加上少許皂液，輕輕摩擦。

針氈葉子 →

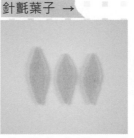

07. 在花瓣微濕狀態下，用手捏塑出花瓣立體狀。

08. 花瓣清洗後保持立體狀風乾，完成六個花瓣。

09. 參照p.114的版型，用戳針戳好三片水滴狀。

10. 在水滴狀的中間仔細地戳出葉脈。

組合 →

11. 從花瓣的中心點下針，將六片小花瓣縫合成球狀。
（★縫合時稍稍施力，花瓣會自然內縮，就看不到縫線的痕跡喔！）

12. 將花瓣球、小葉子和胸針底座黏合。

13. 優雅的Pure繡球花胸針完成了！

08

happy,

字母圖釘

附有版型

版型參照 p.114

工具：
戳針、鑷子或夾子

材料：
草綠色、咖啡色、深咖啡色、米白色、灰色羊毛各適量、圖釘5根、白膠適量

you can
leave a message here

**針氈立體條狀 →**

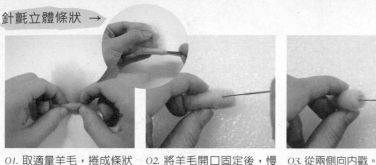

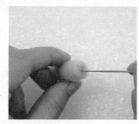

*01.* 取適量羊毛，捲成條狀（★也可用鑷子或夾子做為輔助工具）。

*02.* 將羊毛開口固定後，慢慢塑出條形。

*03.* 從兩側向內戳。

*04.* 塑出立方體的六個面。

**針氈立體弧形條狀 →**

*05.* 立體條狀完成了！

*06.* 先做出一個長約5cm，且有雙邊開口的條狀。

*07.* 將條狀塑出U形圓弧，保留雙邊開口，方便後續銜接物件使用。

*08.* 立體弧形條狀完成了！

**組合字母 →**

**加上釘子 →**

*09.* 利用條狀接合，戳出H、A和Y三個字母（★H、A和Y分別是由三個直條組成，須注意直條長短）。

如果接合處不好看，可以用同色羊毛修飾喔！

*10.* 利用弧形和條狀接合，戳出兩個P字母。

*11.* 用小釘子在每個字母後方鑽出一個小洞。

*12.* 剪掉小釘子的圓頭端。

*13.* 剪口處沾上白膠。將沾有白膠的小釘子黏入做法11.的小洞（★白膠乾燥所需的時間較長，靜置一天後才會完全固定）。

*14.* HAPPY字母圖釘完成了！

09

小房子筆套

sweet home

工具：
戳針、縫紉針
材料：
白色羊毛3g、磚紅色羊毛3g、
鉛筆、紅色繡線適量

製作此作品時，必須留意下針位置，下針避免過於用力，否則刺到鉛筆會使針毀損喔！

## 針氈塑型 →

01. 上端預留一些羊毛，將白色羊毛纏繞在鉛筆的一端。

02. 在羊毛的開口處以戳針戳刺固定。

03. 將做法01.上端預留的羊毛包覆固定。

04. 參照p.015立體的基本做法，以戳針分別從六個面慢慢戳出立方體。

## 組合房子和刺繡 →

05. 戳出一個留有筆洞的立方體。

06. 取一半磚紅色，參照p.016立體的基本做法，戳出一個三角體（★三角體需配合立方體的大小）。

07. 立方體洞口朝下，以戳針將三角體和立方體從側面戳，使其接合。

08. 取另一半磚紅色羊毛，參照p.014平面的基本做法，做出24個直徑約1cm的半圓。

049

09. 將半圓由下層往上堆疊，在三角體的每一面依序戳上六個半圓。

10. 完成了房子的屋簷。

11. 用紅色繡線從底下的洞口起針，繡上小房子的窗戶和大門。

12. 小房子筆套完成了！

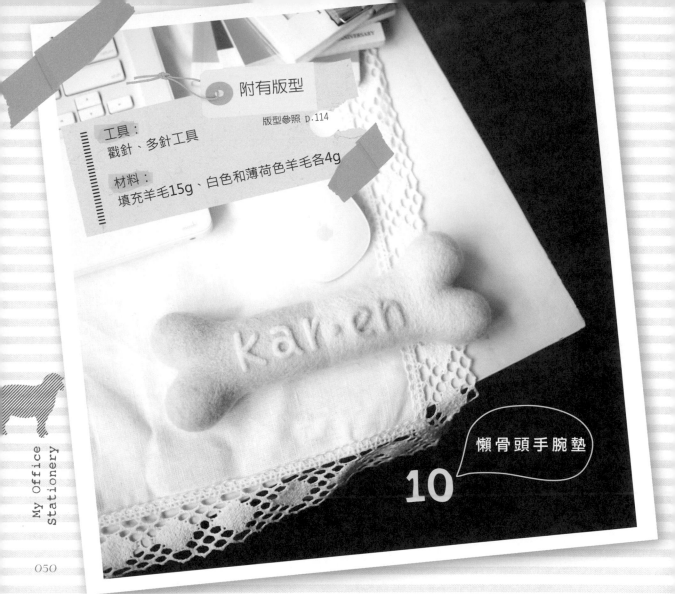

附有版型

版型參照 p.114

工具：
戳針、多針工具

材料：
填充羊毛15g、白色和薄荷色羊毛各4g

Kar·en

懶骨頭手腕墊

10

針氈骨頭 →

O1. 將15g填充羊毛分成兩等
份，可事先預留一小份
做修補用。

O2. 取一份填充羊毛捲起固定
（★將開口處羊毛拉鬆，
可減少厚度差距，方便修
整出漂亮的交界處）。

O3. 將剩餘的一份填充羊毛
再分成四等份。

O4. 將做法O3.分出的羊毛
像包餛飩的方式，塑出
一顆有開口的球狀。

製作字母 →

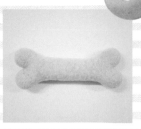

**POINT**

可以另外取一些填充羊毛，填補小球中間銜接的缺口處。填補時必須以少量多次為原則，避免單次過厚，反而會產生不平整的裂縫。

05. 將四份羊毛戳出四顆直徑約4cm的小圓球。

06. 一邊兩顆，小球的開口朝內，將四顆小圓球接在做法02.上面。

07. 修整好的樣子（★修整形狀時，下針勿過深，淺針修飾表面即可，避免整體過度氈化變得太硬）。

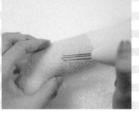

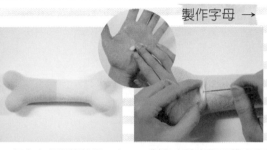

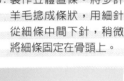

08. 將白色和薄荷綠羊毛分成多次慢慢氈上填充羊毛的表面。

09. 用多針工具修飾表面（★下針勿過深，僅針對表面修飾即可，否則顏色會被吃進填充羊毛裡）。

10. 加上白色和薄荷綠，小球直徑氈縮至3.5cm，骨頭總長約20cm，寬約7.5cm，厚度約3.5cm。

11. 製作立體直條。將少許羊毛捻成條狀，用細針從細條中間下針，稍微將細條固定在骨頭上。

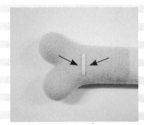

12. 確定上下兩端位置後，針對細條兩側往內戳，塑出文字的立體感。

13. 製作立體弧形。將羊毛捻成條狀後，用細針從一端下針，稍微固定在骨頭上。

14. 利用指甲本身的弧度，當作弧形的模型，將細條靠在指甲邊，開始往細條內側戳刺固定。

15. 弧形出現後，繼續針對細條兩側往內戳，可以戳出文字的立體感。

16. 加上喜歡的文字後，懶骨頭手腕墊就完成了！

填充羊毛最特別之處，就是快速氈化，方便作品塑型且在未氈化的狀態還能保持作品的柔軟度。這裡因為骨頭上要銜接兩種顏色，分別做好兩邊單色骨頭再銜接的話，可能會厚度、大小不一且費時，所以建議使用填充羊毛，先做好骨頭的基本形狀再填上顏色，整體厚度會較一致也較省時唷！

11+12

胡蘿蔔 & 白蘿蔔書籤

グリーン Life Book 2

工具：
戳針

材料：
橘色羊毛1.5g、草綠色、青綠色、
淺棕色羊毛各少許、0.1cm插入式眼睛1對、
有厚度的書1本

針氈水滴書籤和葉子 →

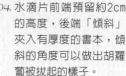

*01.* 將橘色羊毛分成三等份。取兩等份橘色羊毛拉成長條狀。

*02.* 對折以針氈固定。

*03.* 戳出一片約5.5cm長的橘色水滴形片狀。

*04.* 水滴片前端預留約2cm的高度，後端「傾斜」夾入有厚度的書本，傾斜的角度可以做出胡蘿蔔被拔起的樣子。

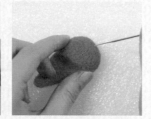

*05.* 將剩餘的一份橘色羊毛，氈在做法04.前端所預留的水滴形片狀上（★下方要放工作墊喔）！

*06.* 前端邊緣利用書本交界處做出直角，另一端則修整出圓弧形。

*07.* 書籤底座完成了。

*08.* 取草綠色、青綠色羊毛，以戳針戳出數片大小不同的水滴狀葉子。

組合 →

*09.* 將水滴狀葉子依序氈在書籤底座的前端，這樣就可以看出胡蘿蔔的外形了。

*10.* 取少許淺棕色羊毛在胡蘿蔔前端和葉子的交界處輕戳，點綴修飾胡蘿蔔表面。

*11.* 在底座的前端戳出胡蘿蔔表面的條紋痕跡。

*12.* 縫上胡蘿蔔的表情，並黏上0.1cm插入式眼睛就完成囉！

工具：
戳針
材料：
白色羊毛1.5g、湖水綠色、草綠色、脆綠色、嫩綠色、棕色、淺棕色羊毛各少許、0.1cm插入式眼睛1對、有厚度的書1本

## 針氈水滴 →

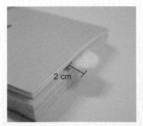

01. 將白色羊毛分成三等份，取兩等份白色以戳針戳好一片約6.5cm長的白色水滴形片狀。

02. 取一本有厚度的書，將水滴片前端預留約2cm的高度，其餘部份夾入書本中。

03. 將剩餘的一等份白色氈在做法02.前端所預留的2cm水滴形片狀上（★下方要放工作墊喔）！

04. 前端邊緣利用書本交界處做出直角，另一端則修整出圓弧形。

## 針氈葉子 →

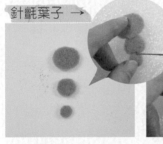
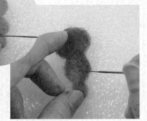

05. 取湖水綠羊毛，戳出三個大小不一且未完全氈化的圓弧形片。將三個圓弧形片氈合。

06. 使用草綠色、翠綠色羊毛慢慢戳出葉子表面的漸層。

07. 取少許嫩綠色，用手心捻成條狀。

08. 將條狀氈上葉子的主體，做出立體的葉脈，戳出葉子表面不平整的肌理。完成三片大小不同的波浪形葉子。

## 組合 →

09. 將三片葉子依序氈在書籤底座的前端，可以看出白蘿蔔的外形了。

10. 取少許棕色、淺棕色羊毛在蘿蔔表面輕戳，點綴裝飾白蘿蔔的表面。

11. 在底座的前端戳出白蘿蔔表面的條紋痕跡。

12. 縫上白蘿蔔的表情，並黏上0.1cm插入式眼睛就完成囉！

13

小黄伞
筆袋

附有版型

版型參照 p.115

工具：
塑膠手套、紗網、皂液、剪刀、戳針、毛巾、縫紉針

材料：
黃色羊毛30g、皮片10×10cm、繡線、五爪釦1組

這個作品的做法是先水洗出一個扇形袋狀後，再將扇形修剪成雨傘狀。

水洗扇狀袋形 →

01. 先將黃色羊毛鋪成扇狀，再參照p.024袋狀的基本做法，正反面水洗扇狀袋形。

02. 隔著紗網用皂液均勻壓濕，正反面搓洗袋形。

03. 針對側邊加強搓洗，可避免側邊變形，出現多餘的區塊。

04. 如果製作的物件面積較大，等表面氈化後，用搓洗衣服的方式搓揉，加強整體氈化。

05. 確定表面整體氈化後，從袋子底部剪出開口，取出版型。

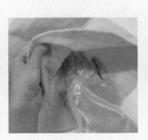

06. 搓洗袋型內部，加強內側整體氈化（★這裡如果內部的未氈化比例過高，在使用毛巾包覆氈縮法時，內部會很容易沾黏）。

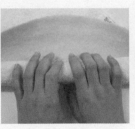

07. 參照p.021 利用毛巾包覆氈縮法，讓袋子氈縮至指定大小。

08. 依照版型剪出雨傘下方波浪弧形。剪出波浪弧形後，盡量避免再整體氈縮，以免弧形變形。

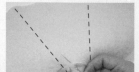

09. 為避免被剪開的邊緣處毛躁，可在修剪處加上少許皂液，輕輕摩擦，這時的搓洗不會影響主體大小。

10. 清洗乾淨後用熨斗整燙平整，成了雨傘狀。

11. 依圖示區塊，將雨傘中間兩線段縫合，形成三個袋口。

12. 剪好12個水滴狀、一個J形握把和一個半橢圓形的皮片。

製作開合處 →

13. 分別將皮片和雨傘袋形縫合。

14. 完成筆袋的正面。

15. 取黃色羊毛，以水洗或針氈的方式做好一片8.5×1.5cm的長方形。

16. 參照p.059五爪釦的做法，在其中一端釘上五爪釦上蓋。

My Office stationery

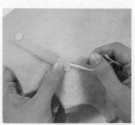

17. 將長方形一端縫在雨傘背後的中間處。

18. 將五爪釦下蓋釘在雨傘的右側。

POINT

實際釘合位置可以先將雨傘合起測量後再決定。此外，僅在袋子其中一片釘上，注意不要一個不小心就將兩層都釘起囉！

19. 小黃傘筆袋完成了！

# Special 1. ★五爪釦的小小技巧

DIY作品中常使用的五爪釦，比一般手縫鈕釦更加牢固，
而且很有質感，尤其是製作包包帶釦的不二選擇。
馬上準備材料和槌子，參考以下的步驟圖試試看！

材料和工具：
五爪釦1組、工具棒、布面、槌子

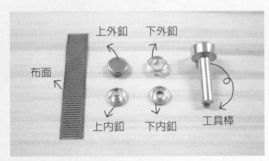

01. 將五爪釦、布面排在桌上。

02. 將上外釦穿刺布面，壓至底部，讓五個爪露出布面。

03. 將上內釦放在上外釦的上面，和上外釦露出的五爪對合。

安裝五爪釦時，在平坦的桌面上為佳，如果怕產生噪音，也可在下方放置隔音墊喔！

04. 將工具棒和上內釦垂直對齊，用槌子向下敲。

05. 敲合至上外釦和上內釦緊密牢固。

06. 上外釦和上內釦。

07. 將下外釦和下內釦同樣依做法02.～05.接合（★參考小圓圖，記得留意下內釦的正反面）！

08. 上下釦完成囉！

09. 合起來的樣子。

14

trees
& rainbow

小森林書擋

工具：
塑膠手套、紗網、皂液、
剪刀、戳針、毛巾、書擋

材料：
書擋(奶綠色羊毛5g、草綠色羊毛3g)、
彩虹(米白色填充羊毛、紅色、黃色、
綠色、紫色羊毛各適量)、
小房子(米白色、紅色羊毛各適量)、
水滴樹(綠色、咖啡色羊毛各適量)

水洗書擋套 →

*01.* 選擇自己喜歡的書擋，放大原尺寸約1～2cm的距離大小，描繪出水洗版型。

*02.* 取奶綠色、草綠色羊毛，參照p.024袋狀的基本做法，正反面水洗書擋套。

  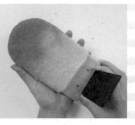 

*03.* 等表面氈化後，剪開書擋套底部取出版型。

*04.* 參照p.021，利用毛巾包覆氈縮法，讓書擋套縮至符合書擋大小。

*05.* 將書擋套入水洗好的書擋套。

*06.* 針對弧形側邊稍微搓洗，塑出書擋的厚度，這時的搓洗不會影響主體的大小。

062

針氈彩虹 →

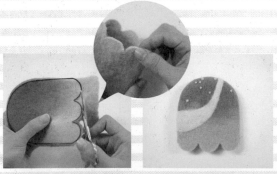  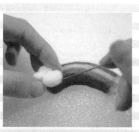

*07.* 將書擋套清洗乾淨後，依照版型剪出下方波浪弧形(★可針對修剪處稍微用皂液摩擦搓洗，避免毛躁)。

*08.* 這是書擋套半成品(★可在清洗後套回書擋風乾，將立體狀定型，然後在書擋套表面氈上小步道和小圓點)。

*09.* 取填充羊毛，以戳針戳出約0.5cm厚的拱型。

*10.* 在拱型表面戳上彩虹的顏色，一端保留些許不氈化的羊毛，做為接合用。做好小雲朵後，和彩虹氈合就完成了！

這裡要做的小彩虹、小房子、水滴樹和兩棵圓球樹物件,大小依書擋決定。所有裝飾小物件的做法可參照p.015～018。

### 針氈小房子 →

11. 以戳針戳好一個小圓柱與一個錐狀,分別做為房子的底部與屋頂。

12. 將小圓柱和圓錐接合,在圓柱上戳上紅色小門就完成了!

### 針氈水滴樹 →

13. 以戳針戳好上半部的水滴狀,與當作樹幹的小圓柱(★水滴狀可從圓錐狀修整而成)。

14. 將水滴狀和樹幹接合後,再戳上樹上的一點點小裝飾就完成了!

### 針氈圓球樹 →

15. 以戳針戳好8個綠色小圓球。

16. 然後完成一根小圓柱,當作樹幹。

17. 將所有小圓球依序接合成樹的球狀。

18. 將圓球樹與樹幹接合後就完成了!

### 組合 →

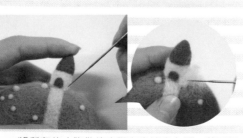

19. 這是所有小物件完成的樣子。

20. 將所有的小物件依序戳在書擋套上面,若要加強接合處連接,可以用同色羊毛在側邊加強。

21. 小森林書擋完成了!

for
earth day

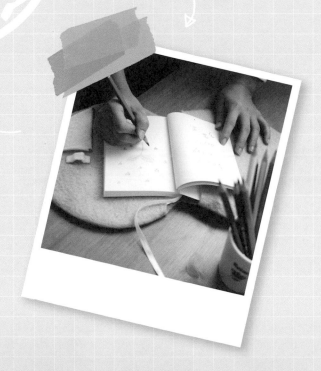

水洗書套 →

*01.* 先在版型正反面鋪上一層天空藍色的羊毛（★圓弧形轉彎處鋪毛若產生皺摺，可以針對皺摺處加少許皂液輕輕拍打）。

*02.* 取深藍色、水藍色和藍綠色羊毛，在其中一面鋪出地球的圖樣。

*03.* 參照p.024袋狀的基本做法，隔著紗網加入皂液均勻壓濕，開始正反面搓洗。

*04.* 針對側邊加強搓洗，可避免圓弧形側邊變形或長出多餘的區塊。

   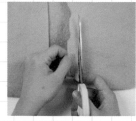

*05.* 如果製作的物件面積較大，等表面氈化後，用搓洗衣服的方式搓揉，加強整體氈化。

*06.* 確定表面整體氈化後，從背面中心點剪一小開口，取出版型（★如果內部未氈化比例過高，在使用毛巾包覆氈縮法時，內部容易氈黏喔）。

*07.* 參照p.021，利用毛巾包覆氈縮法，讓書套氈縮至指定大小。

*08.* 從小開口那面依版型剪出寬約5cm的書套開口（★剪出書套開口後，盡量避免再整體氈縮，以免開口變形）。

針氈圖案 →

  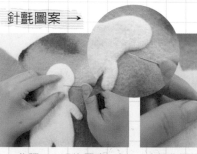

*09.* 為避免被剪開的邊緣處毛躁，可於邊緣處加上少許皂液，輕輕摩擦。

*10.* 清洗乾淨後用熨斗整燙平整，就完成了書套的半成品。

*11.* 參照p.117的圖案，以戳針在正面氈上北極熊的身體（★可以從側邊往內戳出厚度）。

*12.* 幫北極熊加上耳朵、嘴巴和眼睛。

材料：

繡線、五爪釦1組、書套(天藍色羊毛48g、深藍色、水藍色、藍綠色羊毛共5g)、
北極熊、小房子和水滴(白色羊毛10g、深咖啡色、淺咖啡色、灰色羊毛各適量)

13. 加上表情後的樣子。

14. 用縫線繡上手掌和腳掌的紋路。

15. 以戳針氈好一個寬約8cm的水滴片狀。

16. 在水滴片狀中間剪出「ELP」的字樣。

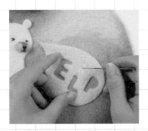

17. 將剪好的水滴片狀氈在書套上，從側邊往內戳出厚度。

18. 戳上「H」和三角形的小屋頂，一樣可以從側邊往內戳出厚度。

19. 戳上幾滴眼淚。

20. 在另一邊以戳針戳上「April22」的字樣。

21. 戳好一片白色的半弧形和一小片長方形，在背面做出小口袋和筆套。

22. 用縫線裝飾半弧形的三個角，參照p.059的作法，於開合處釘上五爪釦(★注意凹凸兩端)。

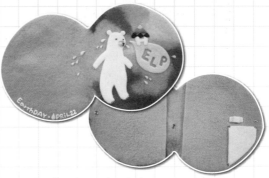

23. 可愛的北極熊help書套完成了！

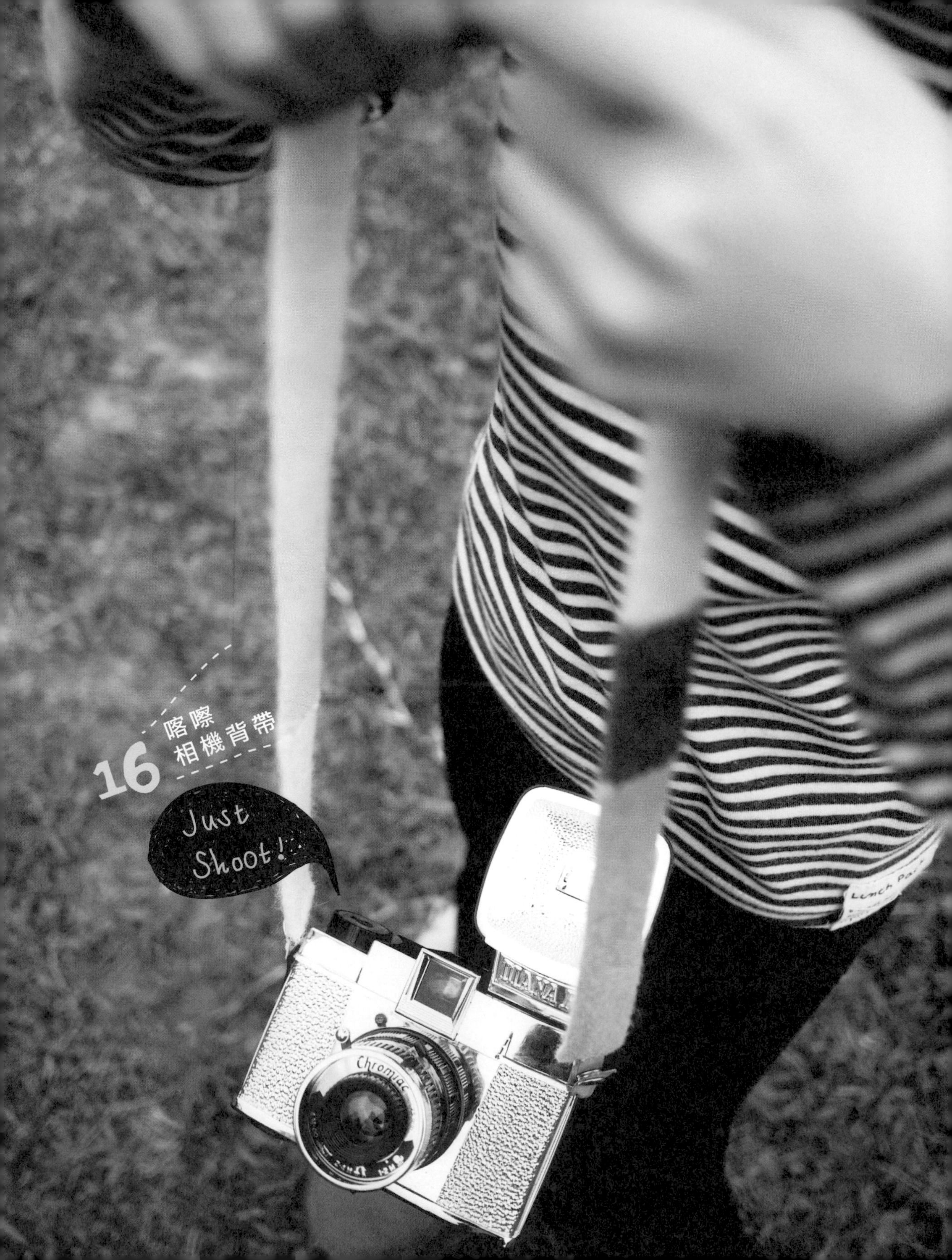


# 16 喀嚓相機背帶

工具：

木槌、縫紉針

材料：

鵝黃色羊毛5g、白色羊毛5g、咖啡色羊毛3g、
草綠色羊毛8g、水藍色羊毛10g、五爪釦1組、
皮片15×3cm、繡線、
白色與奶綠色織帶各10cm

## 製作背帶 →

01. 參照p.014，戳好鵝黃
色、白色、咖啡色、
草綠色、水藍色的羊毛
片，並準備好兩端打好
洞的皮片。

02. 依照順序將皮片與羊毛
條連接縫合起來。

## 組合 →

03. 將準備好做扣繩的織帶
前端折三折加強韌度，
和完成的背帶縫合。

04. 等織帶縫好後，穿入相
機側邊兩端的穿繩孔。

## 釘五爪釦 →

05. 參照p.059的做法，先在
尾端釘上四合釦的上蓋
（★注意凹凸兩端）。

06. 接著在上端釘上下蓋。

07. 上下蓋釘好的樣子。

08. 將背帶兩側固定後就完
成了！

**17** + **18**

you can put

*flash* there

半個圓束口袋

you can put

*film* here

工具：
塑膠手套、紗網、皂液、剪刀、
毛巾、縫紉針、鐵絲或鋁線

材料：
咖啡色羊毛16g、格子布18×7.5cm、繡線
直徑約3cm圓形皮片1片、40cm長咖啡色束繩2條

附有版型

版型參照 p.118

## 水洗半圓袋形 →

01. 參照p.024袋狀的基本做法，正反面水洗半圓咖啡色袋形。

02. 針對側邊加強搓洗，可避免圓弧形側邊變形或長出多餘的區塊。

03. 等表面氈化後，剪開半圓底部取出版型。

04. 版型取出後可將內袋翻出，稍微搓洗內袋，加強裡層氈化。

## 處理格子布 →

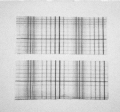

05. 利用毛巾包覆氈縮法氈縮至指定大小後，可用剪刀將底部修剪平整。

06. 將半圓袋清洗後，整燙平整。

07. 取出兩片格子小布塊。

08. 將格子布兩側往內折，以符合半圓袋口的寬度，至少要捲兩折，可稍微用針線固定。

## 穿束口繩和縫皮片 →

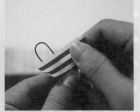

09. 做法08.收邊後往上對折，兩片布塊都這麼做。

10. 將折好的布塊，一面一片和半圓袋縫合。

11. 將一根鐵絲或鋁線的前端彎成U字型。

12. 將束繩一端和U字型鐵絲前端暫時固定。

My Traveling Goods

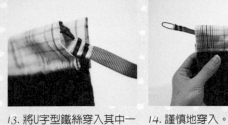   

*13.* 將U字型鐵絲穿入其中一個洞口。

*14.* 謹慎地穿入。

*15.* 然後再回穿至另一端的洞口。

*16.* 將束繩從U字型鐵絲上取下,兩端打個結。

*17.* 另一端重複步驟11.～16.的作法。

*18.* 最後再縫上皮片就完成了!

*19.* 試試看束起來的樣子!

工具:

塑膠手套、紗網、皂液、剪刀、毛巾、縫紉針、鐵絲或鋁線

材料:

白色羊毛20g、直徑約3cm圓形皮片1片、40cm長橘色束繩2條、繡線

水洗半圓袋形 →

*01.* 參照p.072咖啡色半圓束口袋的做法02.～05.製作,將半圓袋清洗後,整燙平整。

穿束口繩和縫皮片 →

*02.* 從兩側袋口前端剪開約4cm。

*03.* 從剪開的開口處往外折,兩片都要折。

*04.* 將外折處縫起固定後,參照咖啡色半圓束口袋的做法11.～19.製作。

*05.* 最後再縫上皮片就完成了!

蘋果
切片隨手包

工具：
塑膠手套、紗網、皂液、
剪刀、戳針、毛巾、縫紉針

材料：
粉橘色羊毛20g、30cm x 1cm的皮片1片、
直徑約1.3cm的壓釦1組、
粉膚色和咖啡色繡線各適量

版型參照 p.120

水洗蘋果袋形 →

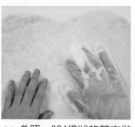

*01.* 將羊毛鋪成蘋果的形狀（★弧形側邊鋪毛若產生皺折，可以針對皺折處加少許皂液輕輕拍打）。

*02.* 參照p.024袋狀的基本做法，正反面水洗蘋果袋形。

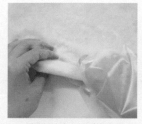

*03.* 針對側邊加強搓洗，可避免圓弧形側邊變形。

*04.* 如果製作的物件面積較大，等表面氈化後，用搓洗衣服的方式搓揉，加強整體氈化。

*05.* 確定表面整體氈化後，在蘋果上方的中心點剪一個10㎝的小開口，取出版型。

*06.* 先將內部稍微搓洗，再利用毛巾包覆氈縮，讓蘋果氈縮至指定大小。

針氈和縫合 →

*07.* 修剪蘋果上方開口。剪出蘋果開口後，盡量避免再整體氈縮，以免開口變形。

*08.* 為避免被剪開的邊緣處毛躁，可在邊緣處加上少許皂液，輕輕摩擦修剪處。

*09.* 清洗乾淨後用熨斗整燙平整。

*10.* 在做法07.的開口處兩端縫上繡線，加強牢固度，一邊用粉膚色繡線，一邊用咖啡色繡線。

*11.* 在兩面蘋果袋形的中央，分別以戳針氈上褐色水滴狀的蘋果籽。

*12.* 將皮片縫在蘋果上面，做成提把。

*13.* 在開口處中央內部縫上壓釦。

*14.* 蘋果切片隨手包完成了！

手牽手野餐籃

let's go
picnic

工具：

塑膠手套、紗網、皂液、戳針、毛巾、縫紉針

材料：

粉膚色羊毛40g、籐籃1個、籐籃同寬木棒1根、
長40cm緞帶2條、繡線

水洗蓋子 →

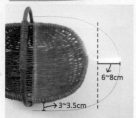

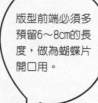

版型前端必須多預留6～8cm的長度，做為蝴蝶片開口用。

*01.* 選好自己喜歡的籃子，將半邊籐籃籃口周圍放大約3～3.5cm的距離，描繪版型。

*02.* 將粉膚色羊毛分成兩等份，每片半橢圓籃蓋為20g。依版型水洗出兩片半橢圓蓋，待表面氈化後，從底部取出版型。

*03.* 利用毛巾包覆氈縮法，讓半橢圓片氈縮至指定大小，再用剪刀將底部修剪平整。

My Traveling Goods

078

*04.* 可用剪刀將底部修剪平整，至少需在前端預留4cm的長度。

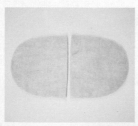

*05.* 完成兩個半橢圓片籃蓋。

*06.* 從開口處其中一面剪掉寬約4cm的方形，寬度可依實際氈縮狀況而定。

*07.* 剪好兩個半橢圓片。

08. 在袋內放入不超出袋口大小的硬卡紙，加強蓋子的硬度。

09. 放入卡紙後，將開口區塊剪成五等份條狀。

10. 將剪好的條狀交錯往內縫（一片1、3、5；一片2、4），做出環狀洞口。

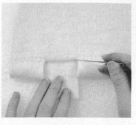

11. 中間沒有縫合的部份，可以用戳針將上下片開口處氈合。

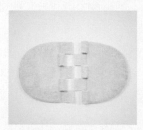

12. 縫好兩個橢圓片。

13. 取出與藤籃同寬的木棒和緞帶。

14. 找出緞帶中心點，將緞帶對稱黏在木棒上。

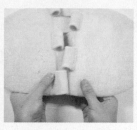

15. 將兩個橢圓片如圖交錯堆疊。

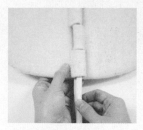

16. 將黏好的木棒依序（1、3、5；2、4）穿入縫好的環狀洞口。

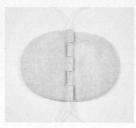

17. 穿入木棒後，蝴蝶片就完成了。

18. 分別將兩側緞帶繞著提把綁成蝴蝶結。

19. 手牽手野餐籃完成了！

附有版型

版型參照 p.121

工具：
塑膠手套、紗網、皂液、
剪刀、毛巾、縫紉針

材料：
灰色羊毛40g、線、
2X60cm彩色織帶1條

21 女孩兒
貝蕾帽

my hat

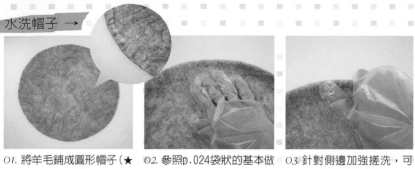
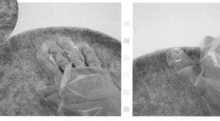

01. 將羊毛鋪成圓形帽子（★圓弧形側邊鋪毛若產生皺摺，可以針對皺摺處加少許皂液輕輕拍打）。

02. 參照p.024袋狀的基本做法，正反面水洗圓形帽子袋形。

03. 針對側邊加強搓洗，可避免圓弧形側邊變形。

04. 等表面氈化後，用搓洗衣服的方式搓揉，加強整體氈化。

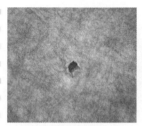

05. 確定表面整體氈化後，在圓形的中心點剪一小開口。

06. 從做法05.的小開口取出氣泡布。

07. 利用毛巾包覆氈縮法，讓半圓氈縮至指定大小，從小開口那面依版型剪出帽子內圓。

08. 剪開帽緣（★剪出帽緣後，盡量避免再整體氈縮，以免帽緣變形）。

塑型和裝飾 →

09. 沿著帽緣輕輕抓起，呈現小籠包狀。

10. 為避免被剪開的邊緣處毛躁，可於邊緣處加上少許皂液，輕輕摩擦。

11. 稍微搓洗帽子側邊立體弧形，然後用手塑出帽緣立體狀。

12. 將帽子清洗乾淨後，保持帽緣立體狀風乾，帽緣自然形成立體狀。

13. 乾燥後，將織帶沿著帽緣縫上，加強帽緣硬度。

14. 做好一顆直徑約1cm的小球，縫在帽子中央。

15. 帽子的正反面。

16. 女孩兒貝蕾帽完成了！

22

工具：

塑膠手套、紗網、皂液、剪刀、毛巾、縫紉針

材料：

深棕色羊毛15g、黃棕色羊毛15g、

咖啡色和橘色毛線各適量、

白色小布片2片、繡線

水洗手套袋形 →

01. 依照自己的手掌大小，
放大約3cm的距離範圍，
描繪出版型。

03. 以深棕色羊毛示範，將
羊毛鋪成手套的形狀。

03. 參照p.024袋狀的基本
做法，正反面水洗手套
袋形。

04. 針對側邊加強搓洗，可
避免圓弧形側邊變形。

05. 確定表面整體氈化後，
記得從手套底部剪開取
出版型。

06. 將手套整體外翻稍微搓
洗，加強整體氈化。

07. 將手套翻回原狀，利用
毛巾包覆氈縮法，讓手
套氈縮至指定大小。

08. 套在手上針對邊緣和手
指處搓出側邊立體弧
形，塑出立體狀。

09. 將手套清洗乾淨後，可在內部塞入填充物，撐起手套立體狀，保持手套立體狀風乾，才能保持手套立體的狀態囉！

10. 將開口處修剪平整。

11. 將繡好「Left」字樣的小布標和手套縫合。刺繡方法可參照p.093。

12. 仔細縫好布標。

13. 參照p.085毛線編織與編織圖的做法，編織出手套的袖口。如果不做袖口，手套版型可延伸至能包覆手腕的長度即可。

14. 將袖口翻面套上手套，利用同色毛線將接合處縫起。

15. 最後縫合後將袖口翻回正面。

16. 暖暖手套完成了！另一隻「Right」字樣的手套也以相同的方法製作即可。

# Special 2.
## ★毛線編織的小小技巧

毛線不再只能和厚重的圍巾畫上等號，利用上針與下針的交錯配置，也能做出其他變化，與羊毛氈作品結合，更能提高作品的實用性！快來跟我一起動手做看看吧！

**材料和工具：**

輪狀棒針、
褐色與橘色毛線各1球

## 【第一段】起針

起針時，線頭端至少要預留編織寬度的三倍長，約20cm。

*01.* 首先在左手掛線，以小指和無名指輕壓線頭，再以食指和拇指將毛線拉開。

*02.* 棒針置於食指和拇指中間的毛線上，依箭頭方向將棒針轉1圈。

*03.* 捲上毛線的樣子。

*04.* 使用棒針，依箭頭方向挑出毛線。

*05.* 拉線後打結固定，這樣就完成1針（★也可用「活結」方式打第一針）。

*06.* 接著依箭頭方向，移動棒針並掛線，首先自下面拉起。

*07.* 接著再從上面掛線。

  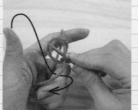 

08. 從拇指和棒針中間出現圈狀。

09. 將棒針拉出，再將掛在拇指上的毛線鬆開。

10. 以拇指拉線。

11. 輕拉線頭後再拉緊。

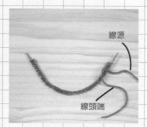

線源

線頭端

12. 這樣就完成2針。

13. 重複做法06.~11.的步驟，共織40針，完成第一段。

一般手圍約40針即可，針數可依手圍粗細做調整，但必須依四的倍數做增減喔！

【第二段以後】 上針

01. 先把第一段的起頭處置於右手邊，將線源拉至前方。

02. 將右端棒針由後往前穿入左棒針邊端的第一個針目上。

03. 往逆時針方向在棒針上掛線。

線頭端

## POINT

每針下壓須均勻施力，不可以拉過緊，以免織目因拉扯而過小，不好編織。

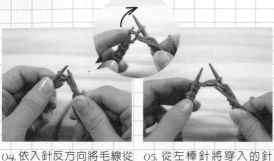

*04.* 依入針反方向將毛線從洞裡拉出。

*05.* 從左棒針將穿入的針目拉出，即完成1個上針。

*06.* 連續織2個上針。

*01.* 將線源拉至後方，右拿棒針由前往後穿入左棒針邊端的針目上。

*02.* 往順時針方向在棒針上掛線。

*03.* 依入針反方向將毛線從洞裡拉出。

*04.* 從左棒針將穿入的針目拉出，即完成1個下針。

*05.* 這是完成2個下針的情形。

```
--||--||--||--||--||--||--||--||--||--||--
--||--||--||--||--||--||--||--||--||--||--
--||--||--||--||--||--||--||--||--||--||--
--||--||--||--||--||--||--||--||--||--||--
--||--||--||--||--||--||--||--||--||--||--
--||--||--||--||--||--||--||--||--||--||--
--||--||--||--||--||--||--||--||--||--||--
--||--||--||--||--||--||--||--||--||--||-
--||--||--||--||--||--||--||--||--||--||--
--||--||--||--||--||--||--||--||--||--||--
--||--||--||--||--||--||--||--||--||--||--
--||--||--||--||--||--||--||--||--||--||--
--||--||--||--||--||--||--||--||--||--||--
```

## POINT

「一」代表上針，像個橫躺的S
「丨」代表下針，像個V。

087

↑這是p.082手套的編織圖

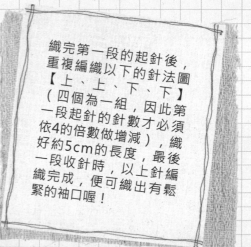

織完第一段的起針後，重複編織以下的針法圖【上、上、下、下】（四個為一組，因此第一段起針的針數才必須依4的倍數做增減），織好約5cm的長度，最後一段收針時，以上針編織完成，便可織出有鬆緊的袖口喔！

**23**
房子刺繡口金包

memory

change

工具：
膠帶、剪刀、手套、縫紉針

材料：
白色羊毛10g、奶茶色羊毛3g、
格子布30x20cm1片、繡線、弧形口金

附有版型

版型參照 p.122

如何讓有厚度的版型折角更明顯呢？只要在折線的地方用小刀輕輕劃一下就可以囉！但小心不要把紙版割破了！

水洗小房子外袋 →

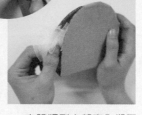

01. 選擇有點厚度的紙版，參照p.123裁好房子口金包的版型。

02. 將版型折出口金包立體狀，用膠帶固定開口。

03. 立體版型內部塞入塑膠填充物，像紗網、氣泡布和塑膠袋等，然後用膠帶將整個版型包覆。

04. 立體版型做好的樣子。

05. 將10g白色羊毛分成數份。至少要分成8份以上，才能達到少量多次、均勻鋪上的效果。

06. 隔著紗網用皂液壓濕。

07. 依序將沾濕的白色羊毛鋪上立體版型，可加上皂液輕輕拍打，讓羊毛服貼（★直角處要確實鋪上羊毛，否則會太薄甚至破掉喔！）。

08. 將奶茶色羊毛分成數份，重複做法06.～07.的動作，做出房子屋頂的漸層。這是鋪好羊毛後的立體版型。

*09.* 隔著紗網開始輕輕搓洗（★因立體版型為多面體，剛開始水洗力道應放輕，等表面開始氈化後再加重力道）。

*10.* 搓洗至表面整體氈化，從立體版型上方剪出一個10cm的開口。

*11.* 取出版型（★因為版型只能用一次，可以將版型剪開，先取出填充塑膠，再慢慢將版型剪碎取出）。

*12.* 將外袋內部外翻稍微搓洗，然後加強內部整體氈化。

*13.* 參照p.021，用毛巾包覆氈縮法，使袋子氈縮至符合口金開口的大小即可 。

*14.* 在內部塞入約長9×寬5×厚2.5cm的填充物（例如工作墊），撐起外袋立體狀。

*15.* 加強搓洗四邊直角處，這時的搓洗不會影響主體的大小。

*16.* 修剪外袋上方圓弧型開口（★剪出圓弧型開口後，盡量避免再整體氈縮，以免開口變形）。

刺繡、縫合 →

  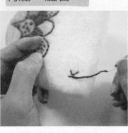 

*17.* 清洗乾淨後，可在內部塞回填充物，撐起立體狀，保持立體狀風乾後取出，這樣就能保持袋子立體的狀態囉！

*18.* 參照p.093的刺繡技法，在小房子外袋上端繡出半圓形的屋簷。

*19.* 在其中一小角繡上屬於自己的字母。

*20.* 最後用針氈氈上房子的小門。

21. 參照p.122裁好內袋布片的版型。

22. 將布片有圖案那面對有圖案那面。

23. 將裁好內袋布片的版型,參照p.093以平針縫縫好。

24. 可在折角處稍微剪一小開口,便於縫合。

25. 縫好的樣子。

26. 將內袋放到小房子外袋裡面。

27. 先將內袋和小房子外袋上端固定縫合,方便等一下和口金接合。

28. 將一面袋身放入口金一端的夾縫裡。

29. 從口金中間的孔洞起針,往其中一端和小房子外袋縫合(★參照p.093,尾端以回針縫兩次加強固定)。

30. 繼續縫合另一端,完成一邊。

31. 另一面袋身依照做法28.~30.縫合後就完成了!

# Special 3.

## ★縫紉&刺繡的小小技巧

為了讓作品更有質感和獨特性，建議可以利用刺繡，在羊毛氈作品上加些花樣。在各種技法中，平針縫、回針縫和結粒繡是最簡單易學的，而且可靈活運用，實用性很高，趕快拿出線、針和布料！

### 最基本的平針縫→

 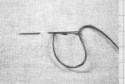  

*O1.* 由背面出針。

*O2.* 在出針點往前約0.3cm處入針（距離可依需求調整）。

*O3.* 重複這個距離出入針。

*O4.* 平針繡可呈現出虛線的效果。

### 加深輪廓的回針縫 →

  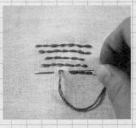 

*O1.* 由背面出針，在出針點後方約0.3cm處往前入針（距離可依需求調整）。

*O2.* 再從後方出針點入針。

*O3.* 重複這個方式出入針。

*O4.* 回針縫可呈現出線條或輪廓的效果。

### 可愛點點的結粒繡→

   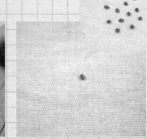

*O1.* 由背面出針，在針上繞兩圈。

*O2.* 在出針點旁邊入針。這裡要避免入針位置和出針位置重疊，否則結粒會跑到後面去。

*O3.* 稍微將繡線拉緊。

*O4.* 將針慢慢往下抽離就完成了。結粒繡可呈現出點點的效果。

24 三隻小鴨

quack
quack

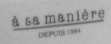
à sa manière
DEPUIS 1984

工具：

戳針

材料：

鵝黃色羊毛3g、橘色羊毛少許、0.1cm插入式眼睛1對

若要避免接合處不牢固，可以使用少許黃色羊毛填補於接合處。

針氈身體 →

01. 先預留少許黃色羊毛做翅膀用，其餘黃色羊毛分成三等份，取兩等份，參照p.016以戳針戳出一個長約4.5cm未完全氈化的立體水滴狀（★保留未氈化的空間，方便後續塑型）。

02. 將水滴狀的尾端稍微彎曲，塑出弧形，慢慢戳出一點點硬度。

03. 將剩餘的一等份黃色，戳成一顆直徑約2cm未完全氈化的小圓球，保留未氈化的空間，方便後續接合。

04. 以戳針將小圓球和水滴狀氈合。

針氈翅膀 →

組合小鴨囉 →

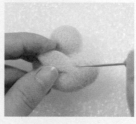

05. 在小鴨身體底部戳出一個小平面，讓身體可以站立。

06. 小鴨的身型逐漸出來囉！

07. 將預留的黃色羊毛分成兩等份，戳出兩個水滴形片狀當作翅膀。

08. 分別將兩片翅膀和小鴨的身體側邊氈合。

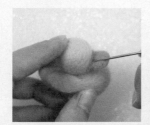

09. 取一點點橘色做出小鴨扁平的嘴巴。

10. 黏上0.1cm的插入式眼睛，其他兩隻做法相同。

11. 小鴨完成了。

工具：
戳針

材料：
黑色羊毛12g(頭3g、身體4.5g、四肢＋耳朵2.4g)、
奶茶色羊毛少許、0.3cm插入式眼睛1對

針氈身體 → （圓球、水滴狀、長條狀的基本做法可參照p.015）

01. 將黑色羊毛分成五等份，取一份羊毛戳出一個直徑約3.5cm的圓球。

02. 取兩份黑色羊毛，戳出一個長約5cm有開口的水滴狀當作V勇士身體。

03. 將水滴狀開口撐開，以戳針將圓球氈合，將頭和身體接合。

04. 小熊的身體完成了。

05. 取一份羊毛，戳出四個約2.5cm有開口的條狀和兩個半圓，都保留開口，做為後續接合用。

06. 將剩下的一份黑色，取少許做出一顆直徑約0.8cm的小圓球，當作小熊的尾巴。

07. 將條狀開口撐開，和做法05.氈合，做出小熊的手和腳。

08. 將半圓開口撐開，和頭部氈合，做出耳朵。

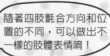

隨著四肢氈合方向和位置的不同，可以做出不一樣的肢體表情唷！

針氈五官 →

09. 取剩餘的黑色羊毛修補接合處，修飾出四肢和身體一體成型的圓弧感，塑出圓圓的屁股。

10. 在背面戳上做法06.的小圓球，當作尾巴。

11. 完成身體部份。

12. 取少許奶茶色，在耳朵半圓戳上小愛心（★這個步驟為表面圖案點綴，注意不要下針太深，以免圖案透到耳朵背面！）

13. 取少許奶茶色羊毛，戳出一個直徑約0.5cm的半圓，當作鼻子。

14. 將奶茶色小半圓和頭部接合後，在半圓上戳出鼻子和嘴巴的線條。

15. 取少許白色羊毛，在胸前戳出「V」形的圖樣。

16. 黏上0.3cm的插入式眼睛，戳上眼白，V勇士完成了！

工具：
戳針

材料：
白色羊毛10g、黑色羊毛2.5g、可可色羊毛少許、0.3cm插入式眼睛1對

針氈身體 → （圓球、水滴狀、長條狀的基本做法可參照p.015）

  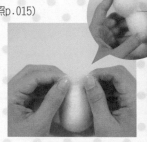 

01. 將白色羊毛分成四等份，預留少許備用；黑色分成五等份。取一份白色，以戳針戳出一個直徑約3.5cm的圓球。

02. 取兩份白色，戳出一個長約5cm有開口的水滴狀，當作熊貓的身體。

03. 將水滴狀開口撐開，和圓球氈合。

04. 取少許白色羊毛修補脖子接合處。

05. 將頭和身體氈合。

06. 取四份黑色羊毛，戳出四個約2.5cm有開口的條狀，當作小熊的四肢，留條狀的開口，做為後續接合用。

07. 將條狀開口撐開，和身體氈合，做出熊貓的手和腳（★不同色接合可參考p.018做法）。

08. 將最後一份黑色羊毛，取一半做出兩個有開口的半圓形。

09. 把半圓開口撐開,和小熊的頭部氈合,做出兩邊耳朵。

10. 取部份剩餘的黑色,做出一顆直徑約0.8cm的小圓球。

11. 將小圓球接合於背面下方,做出尾巴。

12. 取最後的黑色羊毛,做出熊貓背面的肩帶。

針氈五官 →

13. 將剩餘的白色羊毛,做出一顆直徑約0.5cm的小圓球。

14. 把白色小圓球和熊貓頭部氈合。

15. 在半圓上戳出鼻子和嘴巴的線條。

16. 在鼻子上方左右兩側戳出兩個黑色小橢圓形。

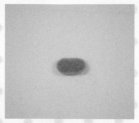

17. 在黑色小橢圓形上黏上0.3cm的插入式眼睛,並在周圍戳上眼白。

18. 取少許可可色羊毛,做出一個直徑1.5cm扁平的小橢圓。

19. 從橢圓中心點與熊貓接合,利用橢圓形內縮做出蝴蝶結。

20. 黑白熊貓完成了!

點點小鹿

27

工具：
戳針、針

材料：
可可色羊毛10g、白色、咖啡色、粉膚色羊毛
各少許、0.3cm插入式眼睛1對、鈴鐺1個、線

針氈身體 → （圓球、水滴狀、長條狀可參照p.015的基本做法）

  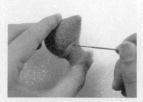 

01. 用可可色做為小鹿的基底，先分成三等份，取一等份分為兩小份，取一小份戳出一個3.8×2.5cm的水滴狀。

02. 將另外一小份羊毛再分為兩等份，一份做出一個高約1cm、兩端都有開口的柱形，一份做為後續修補接合處用。

03. 將柱形一端開口撐開，和圓球氈合，做出小鹿的頭部和脖子。

04. 取一等份羊毛，戳出一個高度約5cm的橢圓形，做為小鹿的身體。

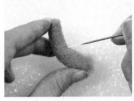
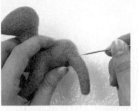

05. 從脖子另一端開口處和橢圓形氈合。

06. 取最後一份羊毛的3/4，戳出四個約4cm有開口的圓柱狀，當作小鹿的四隻腳，剩餘的1/4用來修補接合處。

07. 將柱狀稍微塑出彎曲，使小鹿的腳更逼真。

08. 接合小鹿的四隻腳（★小鹿腳接合的位置要比較偏身體外側，才能做出腳部的線條感）。

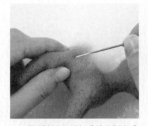

09. 取剩餘的羊毛修補接合處，然後將接合處修飾完整。

10. 小鹿的身體完成了！

11. 取少許咖啡色在身體和頭部上方均勻氈上，和底部顏色銜接處可稍微做出一點點漸層效果。

12. 在四肢的腳蹄部份也加上一點咖啡色。

針氈五官 →

13. 用咖啡色羊毛做出一對花瓣狀的小鹿耳朵，以及水滴狀的小尾巴。

14. 將耳朵和尾巴和小鹿頭部及身體氈合。

15. 在小鹿臉部和腹部氈上一層白色，順便修整小鹿身型。四肢內側也可以加上一點點白色。

16. 取少許粉膚色羊毛，分別在小鹿臉頰兩旁做出一點漸層效果。

17. 用膚色做耳朵的填色。

18. 取少許白色羊毛做出小鹿身上圓圓的花紋。

19. 加上臉部表情，選好位置黏上0.3cm的插入式眼睛，繡上睫毛。

20. 最後在小鹿脖子繫上小鈴鐺就完成了！

工具：

戳針

材料：

白色羊毛5g、粉膚色羊毛5g、
奶茶色羊毛5g、深棕色羊毛少許、
特殊羊毛2g、帽子1頂

28　鬈鬈毛羊駝

baaah

參考p.013混色做法,將白色、粉膚色和奶茶色羊毛依照1:1:1的比例混色,做出羊駝的基底色。

針氈身體 → (圓球、水滴狀、長條狀的基本做法可參照p.015)

*01.* 將混色後的羊毛分為三等份,先取一份羊毛分為五小份,用其中三小份做出一個3cm的圓球。

*02.* 將剩餘的兩小份,用其中的3/4做出一個高約2cm,兩端都保有開口的圓柱。

*03.* 其餘的1/4做出一顆直徑約1cm的小圓當作鼻子,一對半橢圓片當作耳朵。

*04.* 將柱形一端開口撐開,和圓球氈合,做出羊駝的頭部。

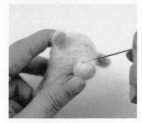   

*05.* 仔細將鼻子和耳朵氈合在頭部。

*06.* 取一等份羊毛,戳出一個直徑約5.5cm的橢圓形,當作羊駝的身體。

*07.* 從脖子另一端開口處和橢圓形氈合。
將最後一等份羊毛分為

*08.* 四小份,戳出四個長約3cm有開口的圓柱狀。

針氈植毛 →                                      針氈五官 →

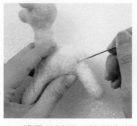    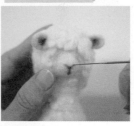

*09.* 將圓柱狀開口撐開和羊駝身體氈合,做出羊駝的四隻腳。

*10.* 用特殊羊毛在羊駝表面均勻氈上一層(★為了表現蓬鬆感和肌理,切勿使特殊羊毛過於氈化)。

*11.* 用特殊羊毛戳出一顆小圓,當作羊駝的尾巴。取少許深棕色羊毛做出四肢的蹄。

*12.* 戳出鼻子和嘴巴的線條,以及耳朵的填色。

*13.* 黏上0.2cm的插入式眼睛,羊駝就完成了!

愛讀書的獅子

29

工具：

戳針

材料：

白色羊毛6g、銘黃色羊毛6g、
咖啡色羊毛2g、
0.2cm插入式眼睛1對、
小書1本、眼鏡1副

## 羊毛混色 →
參考p.013混色做法，取少許白色和銘黃色混色，調出較淺的銘黃色，當作獅子的基底色。

## 針氈身體 → （圓球、水滴狀、長條狀的基本做法可參照p.015）

01. 將淺銘黃色分為三等份，取一等份，預留1/3後，將剩餘的戳出一個直徑約3cm的圓球。

02. 取另一等份，戳出一個長約5cm有開口的水滴狀，當作獅子的身體。

03. 撐開水滴狀開口，和圓球氈合。

04. 將最後一等份羊毛分為四小份，戳出一對3.5cm長，以及一對3cm長有開口的圓柱。

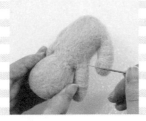
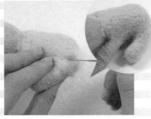

**POINT**

利用針氈特性，被集中戳刺的區塊會內凹，相反地沒被戳刺的地方，視覺對比會比較凸起來，試試看吧！

05. 撐開柱狀開口，和身體部份氈合，做出獅子的四隻腳。

06. 用原色稍微修補四肢接合處。

## 針氈植毛 →

07. 在腳上戳出趾頭的線條，加強立體感。

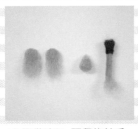
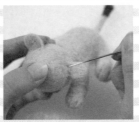

08. 取做法01.預留的羊毛，做出一對半圓耳朵、水滴狀鼻子和小尾巴。

09. 將耳朵和尾巴與獅子身體氈合。

10. 將咖啡色羊毛，用手心捻成數十份小撮狀。

11. 從咖啡色小撮狀的一端和獅子頭部氈合，做出獅子的鬃毛。

## 針氈五官 →

12. 將水滴狀鼻子氈合。

13. 取少許咖啡和白色羊毛，做出嘴巴和鼻子部份的線條。

14. 黏上0.2cm的插入式眼睛，獅子完成了！

30

黑白
熊貓頭套

工具：

戳針

材料：

半罩式安全帽1頂、鐵絲適量、發泡墊適量、
填充羊毛60g、白色羊毛60g、黑色羊毛15g、
0.3cm插入式眼睛1對

針氈帽子外型 →

01. 將鐵絲塑成半圓形，和
帽子連接做出下巴圓弧
型部份(★可依頭圍調整
鐵絲的長度)。

02. 在帽子整體外部黏上一
層發泡墊。下巴圓弧型
部分內外都必須用發泡
墊包覆。

03. 利用填充羊毛快速氈
化、方便塑型的特性，
在發泡墊表面均勻氈上
一層填充羊毛。

04. 氈好填充羊毛的帽子整
體外觀。

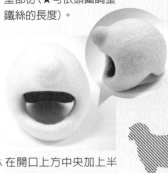

05. 在開口上方中央加上半
圓形的鼻子，整體均勻
氈上一層白色羊毛。

針氈身體和五官 →

06. 做好一對寬度約9cm的
黑色半圓，下方保留一
些未完全氈化的部份。

07. 將半圓和帽子接合，做
出熊貓的耳朵。

08. 這是加上耳朵後的頭套
整體外觀。

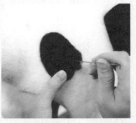

09. 用黑色羊毛在耳朵和鼻
子中央處，氈出蛋形的
眼窩。

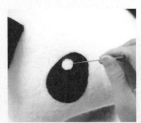

10. 在黑色蛋形眼窩上方氈
上白色的眼白。

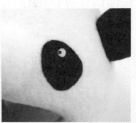

11. 在眼白上方黏上直徑
0.3cm的插入式眼睛。

12. 在半圓鼻子上方戳出愛
心和嘴巴線條。

13. 熊貓頭套完成了！

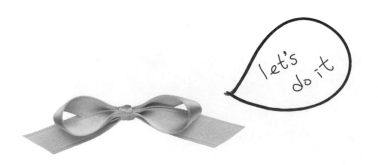

# Chapter 3.

加映好禮
實物大版型

## 📖 如何使用作品版型呢？

在Chapter.3中所節錄的作品版型，皆標註了實際尺寸大小，可以依照個人作品所需，將版型縮放使用喔！

### 水洗版型

「水洗版型」—— 顧名思義是用來做為水洗時的版型。將版型放大至所需大小後，使用塑膠片、氣泡布或是紙板將版型剪下，即可鋪上羊毛開始水洗囉！

### 氈縮＆修剪版型

當作品開始氈化縮小時，初學者常常掌握不到氈縮比例或外框的大小，這時候就可以將「氈縮＆修剪版型」做為作品氈縮，或是外框邊緣修剪（例：波浪）的參考。

作品圖參照 p.030

温暖的家
餐桌墊

水洗

修剪版型

37.5cm

25cm

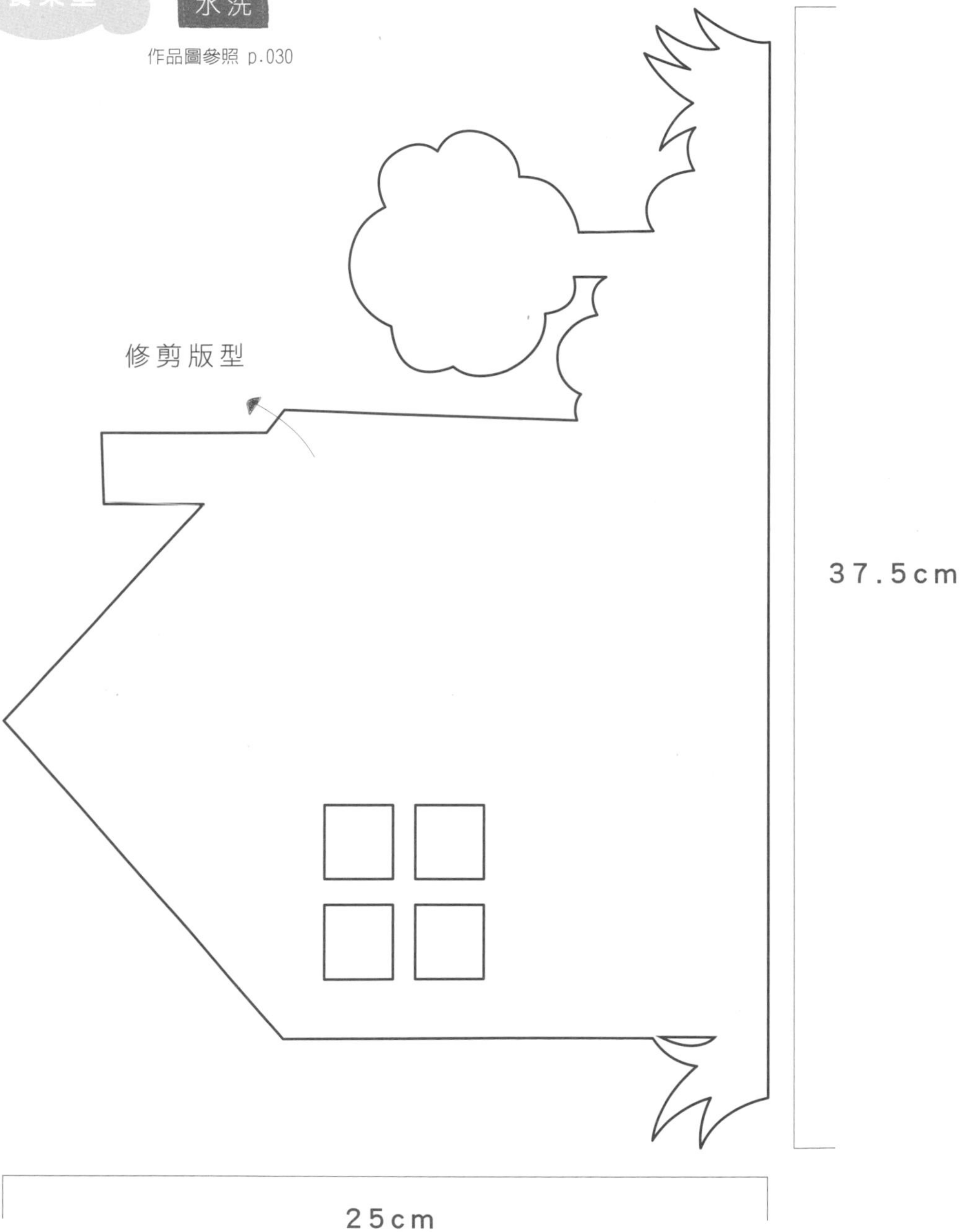

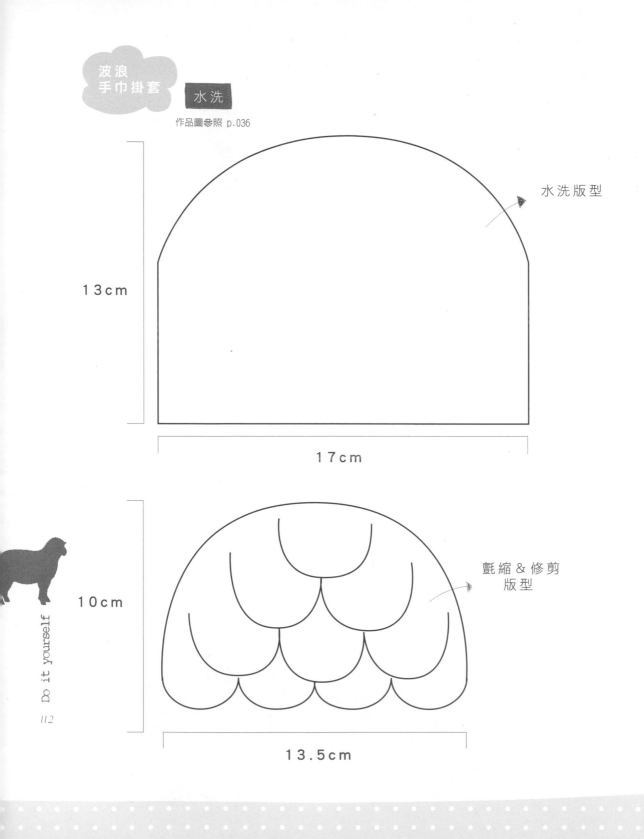

波浪
手巾掛套  水洗

作品圖參照 p.036

水洗版型

13cm

17cm

10cm

13.5cm

氈縮＆修剪
版型

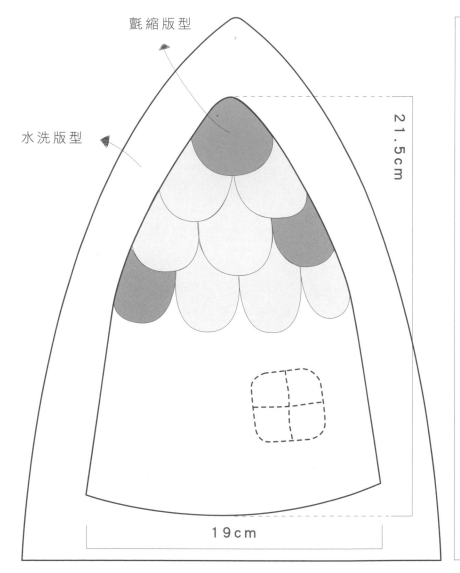

小房子
保溫套

水洗

作品圖參照 p.038

氈縮版型

水洗版型

21.5cm

28.5cm

19cm

22cm

Chapter 3.

113

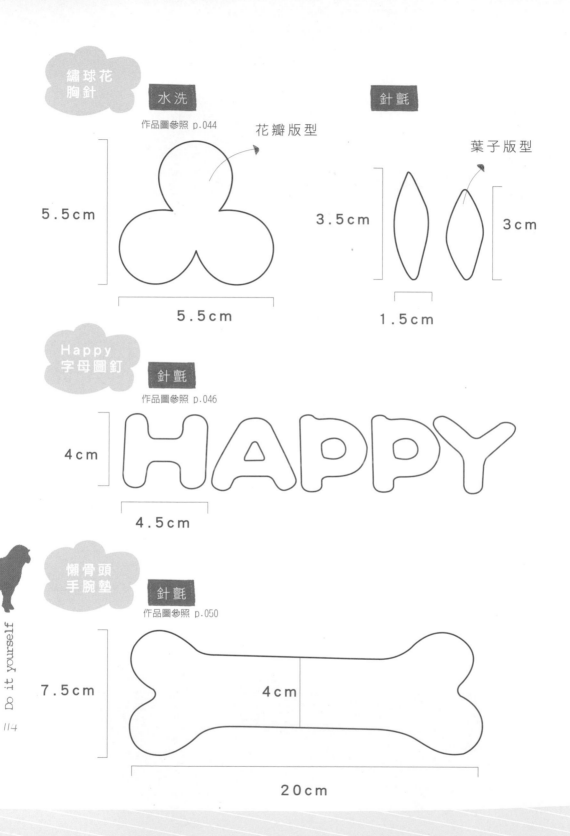

繡球花
胸針

水洗

作品圖參照 p.044

花瓣版型

5.5cm

5.5cm

針氈

葉子版型

3.5cm

3cm

1.5cm

Happy
字母圖釘

針氈

作品圖參照 p.046

HAPPY

4cm

4.5cm

懶骨頭
手腕墊

針氈

作品圖參照 p.050

7.5cm

4cm

20cm

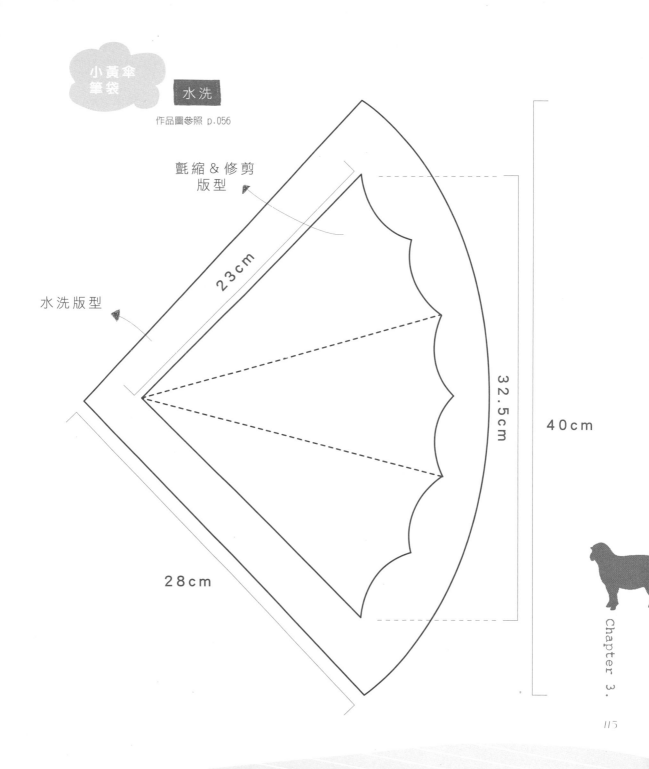

小黃傘
筆袋

水洗

作品圖參照 p.056

氈縮 & 修剪
版型

23cm

水洗版型

32.5cm

40cm

28cm

作品圖參照 p.064
水洗版型

氈縮版型

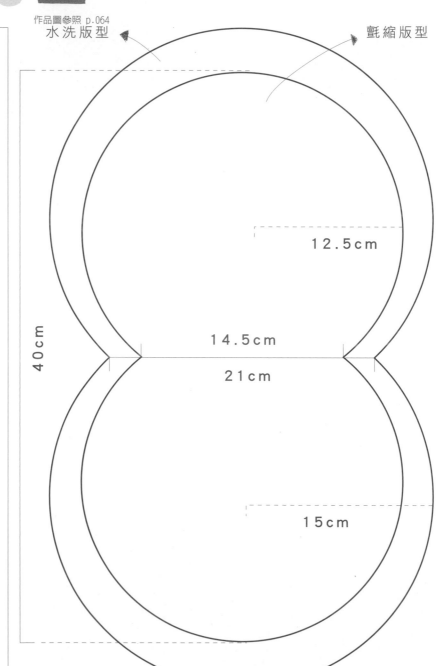

12.5cm

14.5cm

52cm

40cm

21cm

15cm

咖啡色
束口袋

水洗

作品圖參照 p.070

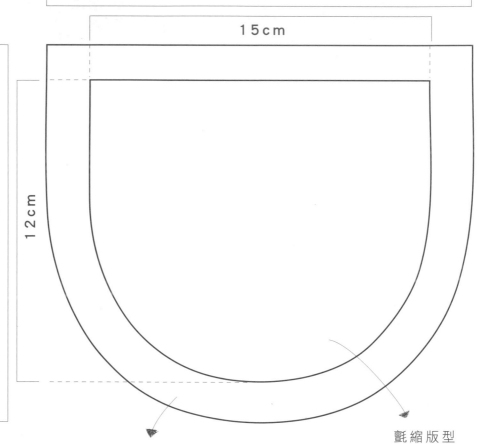

17.5cm

15cm

15.5cm

12cm

水洗版型

氈縮版型

白色
束口袋

水洗

作品圖參照 p.070

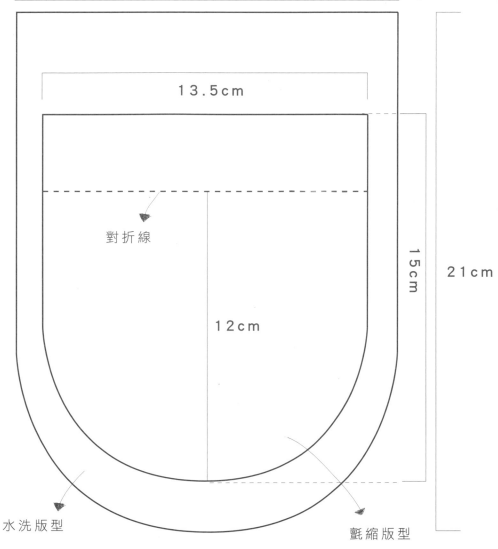

15.5cm

13.5cm

對折線

15cm

21cm

12cm

水洗版型

氈縮版型

Chapter 3.

119

蘋果切片
隨手包　水洗

作品圖參照 p.074

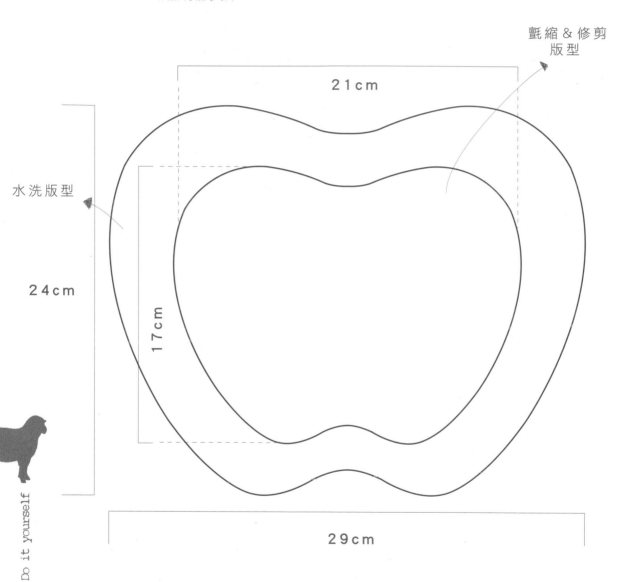

氈縮＆修剪
版型

21cm

水洗版型

24cm

17cm

29cm

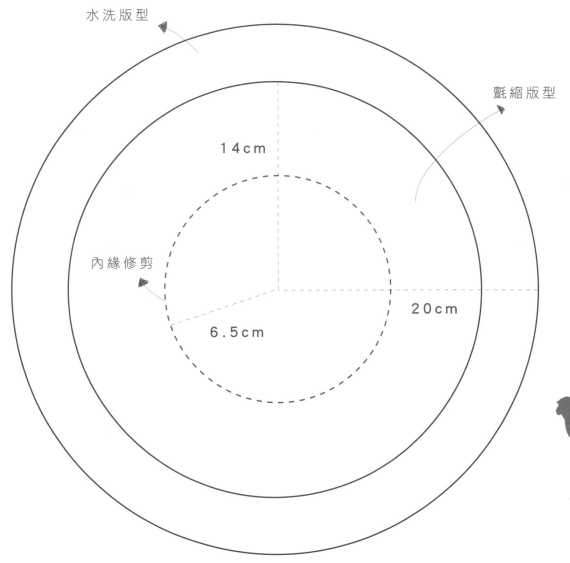

水洗版型

氈縮版型

14cm

內緣修剪

6.5cm

20cm

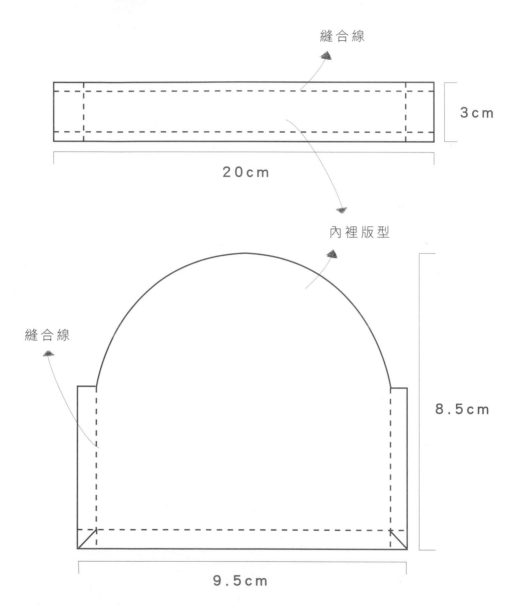

縫合線

3cm

20cm

內裡版型

8.5cm

縫合線

9.5cm

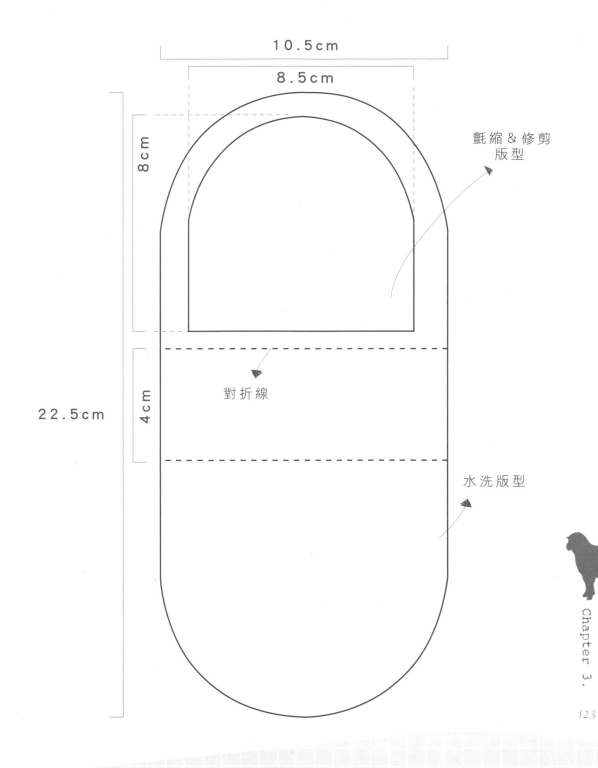

10.5cm

8.5cm

8cm

22.5cm

4cm

氈縮＆修剪
版型

對折線

水洗版型

# 玩玩羊毛氈
## 文具、生活雜貨、旅行小物和可愛飾品

| | |
|---|---|
| 作　　　者 | 林小青 |
| 攝　　　影 | Jamie、80 |
| 美 術 設 計 | Karen、Wawa |
| 編　　　輯 | 彭文怡 |
| 校　　　對 | 連玉瑩 |
| 行　　　銷 | 洪伃青 |
| 企 畫 統 籌 | 李橘 |
| 總 編 輯 | 莫少閒 |
| 出 版 者 | 朱雀文化事業有限公司 |
| 地　　　址 | 台北市基隆路二段13-1號3樓 |
| 電　　　話 | 02-2345-3868 |
| 傳　　　真 | 02-2345-3828 |
| 劃撥帳號 | 19234566　朱雀文化事業有限公司 |
| e - m a i l | redbook@ms26.hinet.net |
| 網　　　址 | http://redbook.com.tw |
| 總 經 銷 | 成陽出版股份有限公司 |
| I S B N | 978-986-6029-10-3 |
| 初版一刷 | 2011.12 |
| | |
| 定　　　價 | 320元 |
| 初版登記 | 北市業字第1403號 |

感謝模特兒KIKI＆LALA協助拍攝

## About買書：

★朱雀文化圖書在北中南各書店及誠品、金石堂、何嘉仁等連鎖書店均有販售，
如欲購買本公司圖書，建議你直接詢問書店店員。如果書店已售完，
請撥本公司經銷商北中南區服務專線洽詢。

北區（03）358-9000、中區（04）2291-4115和南區（07）349-7445。

★★至朱雀文化網站購書（http://redbook.com.tw），可享85折優惠。

★★★至郵局劃撥（戶名：朱雀文化事業有限公司，帳號19234566），
掛號寄書不加郵資，4本以下無折扣，5～9本95折，10本以上9折優惠。

國家圖書館出版品預行編目資料

玩玩羊毛氈
文具、生活雜貨、旅行小物和可愛飾品
林小青著----初版----
台北市：朱雀文化，2011.12（民100）
面：公分----（Hands 034）
1.玩具　2.手工藝

426.78

thank
you!